市政工程造价与给排水工程技术研究

郭毓麒　杨春梅　宋英雄　著

中国建设科技出版社有限责任公司
China Construction Science and Technology Press Co., Ltd.
北　京

图书在版编目（CIP）数据

市政工程造价与给排水工程技术研究/郭毓麒，杨春梅，宋英雄著. --北京：中国建设科技出版社有限责任公司，2024.12. --ISBN 978-7-5160-4331-8

Ⅰ.TU723.3；TU991

中国国家版本馆 CIP 数据核字第 202460N2L7 号

市政工程造价与给排水工程技术研究

SHIZHENG GONGCHENG ZAOJIA YU JIPAISHUI GONGCHENG JISHU YANJIU

郭毓麒　杨春梅　宋英雄　著

出版发行：中国建设科技出版社有限责任公司

地　　址：北京市西城区白纸坊东街 2 号院 6 号楼

邮　　编：100054

经　　销：全国各地新华书店

印　　刷：北京印刷集团有限责任公司

开　　本：710mm×1000mm　1/16

印　　张：10.25

字　　数：140 千字

版　　次：2024 年 12 月第 1 版

印　　次：2024 年 12 月第 1 次

定　　价：59.80 元

本社网址：www.jskjcbs.com，微信公众号：zgjskjcbs

前　言

随着我国社会经济发展水平的不断提升，人们对市政工程建设要求也不断提高。水是社会经济发展与人们生活必不可少的资源，而市政给排水系统正常运行则是确保水资源有效利用以及城市和谐有序运行、城市环保卫生水平提升的重要条件与重要保障，所以一定要确保给排水工程设计的可行性和有效性。

在市政排水工程的施工过程中，要注意科学合理地进行各个环节的作业，避免因为施工技术原因影响给排水系统施工的整体质量。本书对市政给排水工程进行了概述，之后详细探讨了具体的施工技术，希望能够通过不断优化这些施工技术，让城市的给排水系统维持长期稳定的运行状态。

愿本书为相关工作者提供有益的帮助，如果有不妥之处，敬请广大读者批评指正。

著　者

2024 年 5 月

目　录

第一章　市政给水排水工程设计概述

第一节　给水工程概论

给水工程规划是指根据城市总体规划情况，预测城市用水量，分析水资源供需平衡，确定城市给水工程的选址，提出水资源保护与节约的相关要求和措施。随着我国经济的发展，给水工程的规划理念也发生了变化，给水工程的可持续发展问题日益受到重视。本节从给水工程的各个环节入手，探讨给水工程的可持续发展，希望为推进给水工程的健康发展提供有益的借鉴。

一、给水工程规划可持续发展的重要性

给水工程是城市建设和发展的重要先决条件，也是城市的基础设施。给水工程规划的目的是保证供水安全而设计的经济、合理的供水管线，为人民群众的生产、生活提供高质量的用水。

（一）给水工程规划的意义

城市给水工程的规划与设计涉及城市建设的各个方面，尤其是给水管线一般都在城市的主干道下面，施工完成后要进行检修、调试，势必会对周围的居民及其生活造成很大的影响，所以在进行给水工程规划时，一定要有远见。给水工程的设计不仅关系到供水的安全和时效性，而且直接影响整个给排水项目的总体设计效果。要实现给水工程的可持续发展，必须充分考虑给水单位的实际状况，并注重对水资源的合理

使用。

（二）给水工程规划推行可持续发展的原因

随着城市化进程的加快，城市规模和居民数量的急剧增长，给给水系统带来了很大的压力和负担。尤其是中小型城市，由于经济的迅速发展，环境发生了很大变化，因此要在保证生态环境不受损害的前提下，充分利用水资源来改善人民的生活品质。

（三）我国给水工程建设的现状

我国自古就非常注重水利建设，从农业灌溉到城镇居民的生活用水，都是由国家和政府通过水利建设实现的。但目前国内大多数给水项目都存在着一些缺陷，缺乏合理的水资源规划和设计，很多城市的给水系统仅能满足项目建设初期和后期的用水需求。有些水库最初建在郊外，但随着城市的发展，水库会越建越多，越来越多的人进入市区，最终导致水源的污染。所以，给水工程的规划不仅要着眼于建设阶段的用水需求，还要从长远的角度考虑，既要考虑未来几十年的发展，又要兼顾环保、节能等可持续发展的要求，这样才能让给水工程的建设有实际意义，避免因重复建设而产生的资源浪费。

二、给水工程规划的可持续发展措施

（一）对取水口进行上移，避免水源污染

给水工程的可持续发展，必须从源头着手。在城市化过程中，大量工业和住宅区因规划不当而向水源上游扩散，工业和生活用水的大量排放对水资源的质量构成了很大压力。所以，在给水工程的规划中，一定要有针对性的对策，根据实际情况选择以下两种方法。

一是将水源的取水口往上游移动，例如把水源从城市移到水库附近，保证水源不受工业和居住区域的影响；二是开拓新水源，比如在水库上游修建一座新的蓄水池，将水库用作后备水源，这样既可以保证水源的卫生，又可以减少水资源的浪费。

（二）针对分区供水情况采取节能降耗措施

给水工程的可持续发展强调对水资源和其他能源的合理使用，必须在保证供水安全的前提下尽量减少能耗。在地形起伏大的区域进行给水工程时，必须考虑分区供水。根据区域地形差异，合理划分水源，最大限度地减少供水量的损耗。

除分区供水之外，采用重力效应降低能源消耗、采用新技术进行变频供水等措施，都可以节省水资源。另外，在给水工程规划中确定输水管直径时，必须将经济流量作为参考值，这样才能降低给水损失，节约能源，推动给水工程的可持续发展。

（三）做好水质的预测和消毒管理

给水工程的可持续发展既要注重资源的节约，也要注重以人为本。所以给水工程规划需要注重水的质量，重点对水源水、出厂水、管网水的水质进行检测，并根据相关标准的检测项目和频率，对检测结果进行定期的分析，以及对各项检测指标的变化趋势进行分析。

除水质预测之外，对城市饮用水进行消毒处理，也是体现“以人为本”可持续发展理念的一个重要方面。消毒的方法没有统一的规定，而是要根据给水系统和管网的水质来决定，还要考虑施工现场的实际情况，以及后期的操作和管理的方便，根据不同的环境来选择。同时要根据自来水厂的实际情况，确定消毒剂的投入量，并对出厂水、管网水的水质消毒剂余量进行检测。

随着城市建设和城镇化进程的加快，给水工程规划已不再仅仅是一个项目，而是一个城市建设和发展的重要部分，是确保城市可持续发展的战略规划，是保障城市健康和可持续发展的关键。为此，在给水工程规划中应充分考虑可持续发展问题，优化水资源的分配，提高水资源的使用效率，以实现综合效益最大化，进而推动城市的可持续发展。

三、给水管网布置

给水管网是国家实施的一项民生工程，它可以保证人民的正常生活和生产用水。给水管网工程的建设和施工投资巨大，工程技术难以满足经济效益的要求。为此，有关单位必须做好相应的成本控制，明确各阶段的施工内容，减少施工中出现的问题。

（一）给水管网的科学布置

许多建筑、施工单位在规划供水管网时，往往存在着很大的随意性，导致管网布局不合理，不但会造成工程造价的提高，而且会对居民的生活造成一定的影响。所以在施工前，要与施工人员、管理人员等共同协作，共同讨论给水系统的布局。如果管网布局不合理，不仅会导致成本难以达到预期的目标，而且会造成供水、管网的管理与维修困难等问题。在进行规划时，应明确管网的布局，确保符合地区整体规划的要求。由于给水系统大都是分阶段施工的，实际施工能否按阶段进行施工，要考虑施工方法的可行性，并要有较大的提升空间。在管网布局时，既要确保用户均有充足的水压和水量，又要加强管网的安全配置。在此过程中，要想控制工程的造价，必须确保铺设管道的最短路径，减少管网投资，并在某种程度上减少供水费用。

（二）合理应用工程造价预结算方法

1. 全面审核

在给水管网铺设时，审核人员要对有关的物料、设备等进行全面的审计和核算，以达到对项目成本的全面控制。全面审核方法可以对给水管网工程建设投资的全过程进行审计，提高工程结算的科学性。在运用全面审核方法进行项目成本控制时，必须严格按工程图纸进行验收。在此期间，审核人员必须清楚地了解给水系统的建设和施工所需的物料和设备的市场价格，并将其列入结算范围，这样可以更好地控制给水管网铺设工程的单位成本。

2. 重点审核

重点审核是明确供水管道工程施工成本的重要环节。重点审核方法强调重点，在具体工作中体现出很强的针对性。在实施给水管网项目成本控制时，关键是要控制管网铺设的结算内容。审核人员要清楚铺设管道的重要性，了解这一环节的施工过程，然后核实每一步所需的材料和费用。在供水管网建设中，管网铺设是一项工作量大、投资大的工程，需要审核人员重视结算工作，以体现审核的效率。

3. 对比审核

通过对比审核，结算人员可以更好地了解项目工程建设所需的资金。在运用此方法进行管网铺设结算时，结算人员主要通过对同一地区的工程进行分析、比较，以便为工程造价的控制提供参考。供水管网工程的建设施工可以借鉴更多类似的工程，所以在进行结算时，也可以依据类似工程的材料等成本规律来进行。审核人员能够比较工程建设期间的成本，从而确定两者之间的差别，并对与此不符的项目进行重点审核。

4. 分组计算审核

尽管铺设管网只是给水管网工程的一部分，但仍需投入大量人力和财力。在实施该环节的结算时，可以采用分组计算审核的方式来细化成本控制的内容。这样可以让审核人员对每一个环节的资金进行细致地分类，从而确定每个环节所需的资金。在采用此方法进行结算前，应先确定分类标准，并参照类似工程的性质和规模。这样审核人员就能更快地了解审核的内容，从而提高管网结算工作的准确性。

5. 筛选法

在给水管网工程中，筛选法虽然没有得到很好的应用，但在实际工程中却可以起到很好的效果。该方法与工程普查有相似之处，管网铺设工作的特点很明显，在施工中必须合理安排管道，而且要明确各自的工作职责，还要进行协调配合，以防止管道交叉。在实际工程中，往往会出现工程预算与工程实际不符的问题，所以审核人员要对这些问题进行甄别、筛选，并及时加以处理，确保成本造价在期望的范围之内。

（三）最终结算阶段造价控制要点

在最后的结算阶段，审核人员要使给水系统的成本控制在一个合理的区间，从而使其在实际的施工中能满足成本控制的要求。在结算时，审核人员要对工程的施工深度、管网节点等进行深入地分析，还要掌握工程的施工图纸，从而控制管道建设的费用。在项目设计中，审核人员必须严格、规范地编制工程造价，以降低项目的预算和结算。同时，审核人员要根据工程设计、施工和管理部门提供的资料，对给水方式、管网结构等作出详细的规定；为了节省土地，必须合理安排用户的水表；在控制给水费用时，必须保证干管、支管和接户管的尺寸正确，以保证给水系统的用水需求，同时不能造成水资源的浪费。

在此过程中，给水管网主管单位要加强对项目结算的监管，以提高项目的投资效益。审核人员必须按照项目的施工进度和结算要求来完成相应的工作，有效地控制项目的各环节所使用的费用，从而使项目费用的控制贯穿整个项目的管理。审核部门要提高审核人员的工作热情，优化会计方法，正确处理项目的细节，使审核工作真正发挥其应有的作用。

（四）实施阶段的工程签证

工程实施是造价管理的最终环节，也是工程的建设和成本控制的重要环节。技术管网建设中的施工会受多种因素的影响，使得工程建设的费用难以达到预期的水平。在进行施工时，施工人员需要对地形、气候等因素进行综合分析，还要综合考虑当地居民的居住习惯等因素。在目前的建设管道工程施工中，对工程费用影响最大的是工程签证，其内容和管理方法会导致工程造价难以在合理的范围内进行，而且有可能造成严重的法律问题。因此，在管网工程施工时，相关部门必须加强对施工签证的管理，以提高工程施工的经济性和质量管理效率。

1. 按照程序进行签证

签证程序的规范，可以从根本上控制给水管网项目的建设和施工费用。不同的工程签证有不同的规定，在办理设计变更签证时，必须先让业主查看设计图纸，如果业主发现设计不合理，则应向原设计部门申请更改。在此期间，原设计单位需按业主的要求将设计图送交主管部门审核，审核合格后，需提交设计变更报告，并提交技术主管和设计部门签字。在工程审核中，审核人员必须严格控制签证流程，以确保其合法性和真实性。签证流程的规范可以防止施工单位虚报施工数量、单价等，有利于工程成本的有效控制。

2. 审核签证内容真实性

在审核签证时，管理人员要根据工程的具体情况，对工程量进行核对，编制出一份合理的工程量清单。审核人员必须深入工地进行调查，尤其要注意对隐蔽工程的检测。为确保签证内容的真实性，施工负责人和签证机构必须在给水管道被掩埋前对其进行勘察和记录，以加强签证审核的效力。

3. 审核签证内容合法性

在进行项目建设时，签证内容必须遵守相关的法律法规，否则会对项目的总体建设造成很大的影响，并且没有法律效力。监理单位要对工程项目的招标文件进行审核，还要对工程合同的内容进行核实，确保其符合国家相关法规。

4. 审核签证内容合理性

审核签证必须确保签证的内容合理，从根本上控制工程项目的成本费用。监理部门要做好市场调研，了解工程中所用的管道的质量和相应的价格，在确定了施工设备和管道的型号、规格后，再对所需的材料和设备的成本进行明确的说明；还要保证材料、设备参数等符合要求，对签证的内容有充分的把握，并对其进行严格的审核，以保证其内容的合理性。

给水管网工程具有一定的特殊性，对专业技术的要求也很高，因此在进行工程设计与施工时，必须对工程造价进行控制，以保证其在合理的范围之内。造价管理人员要监督施工计划的设计和执行，并严格审查施工签证，降低对项目成本的影响，提高给水系统的安全和经济性。

第二节　排水工程概论

在市政排水工程的施工中，分析排水工程的技术要点，对提高施工质量具有十分重要的意义。本节就目前市政排水工程建设中的技术要点、施工阶段的技术问题进行分析，希望能对提高市政排水工程的施工质量有一定的参考价值。

一、市政排水工程准备阶段的技术要点分析

（一）选择排水方式

选择合适、合理的排水方式是提高市政排水工程效能的重要依据。目前，国内多数城市在选择排水方式时，往往采取分别处理和集中排除的原则。其工作原理是将污水全部排入化粪池，由化粪池进行分离，再与雨水、生活污水汇合，然后流入下水道，最终流入河道。有关部门的工作人员在处理排水的时候，要充分考虑居民区的污水，也要根据污水的性质，选择合适的排水方式，并且要确保经过处理的污水水质达到国家规定的标准，然后通过城市管网排入河道。

（二）排水系统设计

在排水系统的设计中，应根据实际排污量来确定，所选用的管道和管径应符合设计规定，不得大于65%，以免出现超负荷现象。在管道设计中，应充分考虑不同区域的具体条件，同时应考虑管道直径的大小，以确保排水系统的正常运行。

（三）排水管材的选择

不同的排水管材在不同的生产环节中所担负的排水任务也不尽相同，而且管道埋深、土壤压力、管径等也有很大的差别。所以，要科学地选择合适的管材，以满足生产的需要。目前多数城市主要选用强度高、耐腐蚀性好的优质管材，比较常见的是HDPR钢复合管、玻璃

管等。

（四）汇污窨井的设计

汇污窨井又称化粪池，它的作用是将废水处理成符合可排放标准的水质。目前，我国已制定了一套专门用于市政排水系统的污水收集系统的设计手册，并将其作为设计指南。然而，由于各城市排水系统在需求、环境等方面有很大的差别，所以有关设计人员在设计时要注意掌握城市的具体情况，确保其达到污水的排放标准。

（五）道路开挖和设施保护

在市政排水工程中，道路开挖是必要的，在开挖时要设置安全警示，并在施工路段上设立围挡，这样才能确保施工的安全。施工时按照设计图的要求，首先要打开一个洞口，其次用切割机将路面切开，再用挖掘机进行挖掘，最后将剩余的泥土用卡车运到土场。

二、排水工程施工阶段的技术要点

（一）管材质量验收

在施工阶段，工作人员应按照排水工程的设计要求，对各工序的管材进行质量验收，尤其是插口与承接口的内径要保持一致，并对其变形、弯曲等问题进行检验，确认合格并达到设计指标后方可进场，还要做好管材顺直度、坡度的控制，这样才能确保有效安装和提高效率。

（二）管道安装施工

在管道安装时，重点是保持管道接口紧固。在调整管道中心线和高程时，要用石头支撑，这样才能确保管线的牢固，能有效防止两根管道的错缝。在浇筑管道时，应先将管道两侧与平基连接处用同一等级的混凝土填充，然后进行浇筑，并确保两侧均能进行浇筑。在雨期施工时，要减少挖掘长度，若有降雨冲刷，则必须及时更换软土。

（三）管道功能测试

在管道的功能测试中，通常使用闭水法做严格的测试。在进行测试之前，相关人员必须对管道进行基础的质量检验，确保管道内不会出现积水，所有预留的空隙已全部封闭，不会出现渗漏的情况。只有在排水系统的基础施工质量达到要求后，才能进行封闭测试。在进行封闭测试时，必须进行上下段的试验，这样既能提高管线的检测效率，又能有效地节省水资源。

（四）管道沟槽回填

工作人员要先将沟槽清理干净，清理出凹槽里的淤泥，然后进行管道沟槽的回填；在保证回填土含水量的前提下，根据不同的排水方向，由高到低依次进行分层回填；在进行了沟槽回填后，要对原来的路面进行认真的检查，使其恢复到原来的水平，然后由监理工程师进行检测。若因市政排水工程施工而造成路面质量问题，有关部门必须对路面进行维护、处理，直至责任期满为止。

（五）路面恢复

在路面恢复工程中，主要的工作是铺路。在铺设道路时，施工方要确保在铺设过程中，使用的钢板与原来的地面温度相差 65℃以上，这样才能进行铺砌。在铺砌时，施工方要对新铺面的实际厚度进行测量，再用不同的层数乘不同的铺面，这样就能得到实际路面的高度。

在进行路面碾压时，应将其分为初压、复压和最终压实三个阶段。在碾压完毕后，有关部门会安排专业人员对平整度进行检查，如果不符合要求，应及时进行处理。在碾压时，压路机驱动轮要朝着摊铺机，而且碾压的方向要一致。压路机启动和停车都要放慢速度，这样路面就不会出现凸起，也能很好地控制碾压对路面的不良影响。

总之，市政排水工程直接关系到城市运行质量和安全，直接关系到人民的生活品质。所以对市政排水工程的施工技术要点应认真分析，以提高工程的效率和质量。

三、排水管道布置

市政工程是关系到人们日常生活的重要城市建设项目，在我国的城市化进程中占很大的比重。因此，在目前的市政建设中，如何采用科学合理的施工技术来提高施工质量成为一个不可回避的问题。

近年来，随着我国经济的高速发展，城镇人口迅速增长，这也预示着我国的城市化进程越来越快。在这种趋势下，设置排水工程的重要性可想而知。排水工程的建设质量对居民的日常生活有很大的影响，尤其是在降水量大、降雨频繁的区域和时段，排水工程可以起到雨水导流作用。但是，目前我国排水管道的建设还存在着一定的问题，这些问题会对工程的顺利进行产生一定的影响，我们要用科学的方法来解决这些问题。

（一）排水管道施工时的问题

在目前市政工程管道的施工过程中，经常会出现一些影响施工质量、破坏整体排水量的问题。下面是四个比较主要的问题。

1. 管道平顺度低

市政排水管道在铺设完成后，往往会出现不平整、高低起伏的情况，造成这种情况的原因比较复杂，按照目前的技术，管道的铺设必须靠人工完成，机械不可能在狭小的黑暗区域内精确地进行铺设。但由于工人的技术和经验差距，难免会造成一些误差，比如在开凿沟渠时，工人需要手工开挖，深度和宽度难以精确控制。另外，沟道内空间狭窄，土壤不受控制，人力和机械很难保证精确，斜坡越大，施工难度越大，使模板安装困难，水平难以控制。

2. 管道错位

施工过程中，经常会出现管道错位的问题。这个问题主要是以下三种原因造成的：一是在施工前没有充分了解地形、水文情况，致使计算时不够精确，很容易造成误差；二是管道在安装后会受到重力、压力等外力的作用，出现管道错位、倒坡；三是由于长时间降水，管道长期被水流侵蚀，造成自身重量不均匀，从而造成管道的错位。

3. 管道漏水

管道漏水是一种很普遍的问题，其成因也越来越复杂，其中较为典型的原因有：工程中所用的管道质量不合格，不能承受标准的水流量；施工时没有精准地对接管道，造成管道的界面承载力薄弱，从而容易从接头部位渗漏；地下水的流速和管道对基础的加压会引起基础漂浮，从而引起管道开裂，最终导致渗漏。如果管道漏水，将会影响邻近管道的寿命，甚至会对周边地区的地基、土壤环境产生严重影响。

4. 填料质量差

地基是一项非常重要的工程，在设置排水管道的建设中，地基的质量将会对地基的稳定性、耐水性、寿命等造成很大的影响，甚至造成不可挽回的后果。因此，在建造管道地基的时候一定要严格控制填料的质量，确保工程质量达到要求。

（二）排水管道施工的技术分析

1. 施工前准备

在施工前，施工人员和管理人员要对工程场地的地形、土壤、水文、交通环境、地标建筑等进行全面的分析，并画出设计图，以避免出现不确定的情况，减少错误，加速工程的建设；同时，管理人员也要将设计图交给施工人员，让他们有足够的时间去熟悉设计和现场的环境，以免在没有充分准备的情况下出错。

施工初期，管理人员、施工人员和其他部门要实时、顺畅地进行沟通，对各个部门的意见和建议进行分析，对不合适的、不合理的部分要进行修改，不能因为不合理的失误而影响工程的整体效益。管理人员在施工过程中要定期进行质量检验，确保项目的质量符合要求。要制定相应的应急方案，增强针对意外情况的应变能力。在遇到新的问题时，要冷静思考、快速检查、准确分析，以最快的速度做出应对，以免给工程进度和质量带来严重影响。

2. 放线测量

放线测量是工程施工前的一项重要工作，一旦资料有误，将会对工程进度和工程质量造成很大影响；反之，若放线的测量准确度高，工程的施工将会依照图纸的要求顺利进行。因此，无论是为了质量还是效率，都要确保测量结果的准确性。提高放线测量的准确度有三种方法：一是任用经验丰富、技术娴熟的放线师，二是采用更先进的放线设备和电脑技术对桩基进行标定，三是采用多次测量法提取出概率最高、精度最高的数值。

3. 挖沟槽

沟槽挖掘的好坏对施工的成功起着至关重要的作用，工人开挖时必须确保管线中心线的精确，误差范围尽可能小，最大不得超出规定区间；要尽可能采用机械开挖，以确保精确，在机械不能抵达的地方，再采用手工开挖。

4. 安装管道

在进行管道安装前，安装人员一定要对钢管的质量、模板的位置、强度等硬性指标进行严格的检查；安装时应严格按照施工图纸进行，管道安装连接完成后经验收合格，通常采用水泥砂浆在管道两肋进行填充，然后进行界面的清洁；最后用湿物包裹管道，并注意在72小时内要定时洒水以保持湿度，防止龟裂。

5. 闭水测试

在管道安装完工后，相关人员要清楚地检查施工的质量，必须对工程进行封闭试验以消除问题。对于漏水、移位、下沉的管道，要安排专门的人员进行检修和调试。若不能维修，就需要对其位置和可能存在问题的部位进行修复。在修复完毕后，重新进行封闭试验，直至检查结果完全符合要求，才能进行完全充填。最后，要严格按照科学的程序进行施工，严格按照施工规程和验收规范进行验收。排水管道建设是我国城市建设中的一项重大工程，其质量的优劣将直接关系到人民的日常生活。尽管目前还存在很多问题，但是随着科技的进步和建筑技术的发展，今后的排水管道工程将会越来越完善。

第三节　输配水工程设计

输水与配水系统是指将水输送至水区，并将水分配给各用户，包括输水管、配水管网、泵站、水塔和水槽等。

输水管渠与配水管网是给水系统的重要组成部分，它们的投入一般超过给水系统的60%。给水系统运行中的主要成本，即电费，也是在输水管渠与配水管网中产生的。所以，做好输水管渠与配水管网的合理设计，对于给水系统十分重要。

对输配水工程的总体要求是在满足用户需要的水量、水压和给水的可靠度的同时，尽量降低投资和运行成本。

一、给水管网的布置

城镇给水管网的布局主要是根据城镇的地形规划来确定管道的走向和位置。在设计管网时，通常只局限于城镇给水管网的设置，其中有干管之间的连接，以及从干管中抽取水并将其输送至用户的输水管网。在规划设计阶段，一般仅对干管之间的连接进行设置。

（一）管网布置的一般要求

第一，按照城镇规划的要求，对管网进行布局。在布局上，也要考虑到管网分期施工的可能性，并留出足够的发展空间。

第二，为了便于使用者的取水，管网必须覆盖整个给水区。

第三，在管网布局方面，须确保给水系统的安全可靠，在局部管网出现事故时，力争断水范围较小。

第四，努力在最短的距离内铺设管网，从而减少管网的建设成本和给水成本。

上述条件中的后两点是相互矛盾的，所以为了确保建立安全、可靠的供水系统，应采用环状管网；为了节省资金，务必要使用树状管网。

环状管网在任何一条管道被破坏时，可以用邻近的阀门将受损的部分截断，同时水仍能从其他管道输送到下一条管道，从而减少了断流面积，提高了供水的可靠性；而对树状管网来说，任何一根管道的破坏都会导致后续的部分给水中断，从而使其供水可靠性降低。但是，在相同的给水目标下，树状管网的总长度要比环状管网短，因而成本更低。

为了使这些矛盾得到统一，在规划管网时，小城镇可选用树状管网，然后根据城镇发展，逐渐形成环状管网；在大型城镇中，一般将树状管网和环状管网结合。在城镇中心地带的管网，以环形的方式分布，在城镇外围和近郊，以树形的方式分布。

需要注意的是，管道的成本不仅与管道的长度、直径有关，还与管道的结构状况有关。所以在进行管网布局时，除考虑管网布局的合理外，还要考虑穿越地形、地质条件以及穿越各类障碍的难度。

（二）管网布置的要点

城镇管网的布局要综合考虑城镇的布局、供水区的地形、水源、调节构筑物的位置、街区和使用者的分布情况，以及河流、铁路、桥梁等的位置和供水的可靠性。布局时要注意以下七点。

第一，干管应沿主给水的方向延伸。供水区的主要供水方向通常依赖供水区内的用水户和水塔等调整结构的布置，而在没有大型水厂和调节构筑物的情况下，其主要的供水方向应根据中央用水区的位置确定。

第二，沿主给水方向铺设一条或多条平行的干管。管道应该沿着最短的路线进行铺设，尽可能地进入主要用水户、调节构筑物或用水中心，并尽可能地穿过耗水量大的区域。干管间距可按小区面积及给水可靠度的要求，取500～800m。

第三，在并行干管间一般要设连接管，当管网输送条件发生变化或个别干管受损待修理时，可以利用这些管道对干管间的流量进行再分配，以减少停水区域面积，确保供水安全。连接管的间隔可以视小区规模和给水可靠性的需要而定，取800～1000m。

第四，对于城市的边缘地区或市郊的使用者，一般使用树状管道来供水；对于个别用水量大、供水可靠性要求较高的偏远地区，也可采用双管供水。

第五，在干管和连接管的管道中，一般在主要道路的人行道和工厂或车间前的路边设置分配管。若干管之间间隔很长，或者为了增加单元供水的可靠性，可以在环状管网中设置分配管。

第六，管网布置应与城镇发展计划密切联系，并考虑未来发展和分期施工的可能性。同时，对树状管网的布置也要考虑以后能否形成环状管网，从而逐步增强供水的可靠性。

第七，管网布置还应该考虑到一系列具体问题。例如，管线一般应按照规划的道路进行布局，并尽可能地避开较高的路面或主要的车道；管线在地面上的位置和高度，管线与建筑物、铁路和其他管道之间的水平或竖直距离，都要遵守相关的规范。

二、管网流量的分配

管网流量的分配分为两类：一是根据管道尺寸来确定管道的流量分配；二是在进行水力计算时的流量分配。两种分配方式因其分配目标的不同而存在很大差异，这里只对前者进行探讨。

管网流量分配是指在供水系统中，按照供水系统的要求，将管网的流量分布在各类管道（一般只限制在干管和连接管道）中，这是管网设计与计算中的一项关键环节。在城市管网中，用户的集中用水可以直接用作邻近节点的流量。

在分配流量时要针对不同的管网，采用不同的分配方式。对于单水源的树状管网，从水源到节点仅有一条流向，所以每条管道的流量都是这个管道之后（沿水流方向）全部流量的总和。但在环状管网中，由水源向各个节点输送的管道往往不止一条，所以不能像单一水源的树状管网那样，每个管道都会有一个特定的流量数值，但也有不同的分配。

在多个并行的干管中，一般一条管道的流量较大，而另一条管道的流量较少，这样可以节约成本，但会与安全用水发生冲突。在大流量的干管部分需要维修的情况下，其他干管需要通过大流量，此时这些干管的水头损耗会很大，从而对整个管网的供水或水压造成一定的影响。

在目前的管网成本指数下，环状管网并不能满足最优的流量分布。在环状管网中，当环状网络中的一些管段流量为零时，可以实现最经济的分配，但不能保证其可靠地供水。所以在环状管网的流量分配中，通常都是从工程实际出发，考虑到节点的流量均衡状况，考虑到管网的供水安全和节省投资等因素，确定各个管段的流量。综上可知，环状网络的流量分配可按下列步骤进行。

(1) 根据管网的主要供水方向，初步拟定各管段的水流方向。

(2) 为了实现安全可靠的供水，要在并行干管上尽可能均匀地分配流量。如果一个干管道发生损坏，其他干管需要增加传输量时，它们的负荷就不会太大。

(3) 为节约投资，可以在连接管上分配较小的流量。连接管的主要功能是输送并联管道的流量，有时甚至可以直接输送给用户，通常情况下，连接管的流量很小，只有当干管发生故障时，才会有更大的流量。因此，连接管上可分配较小的流量。

由于实际管网中的管线往往是错综复杂的，而且用户数量很多，位置也不是很集中，所以需要根据具体情况灵活分配流量。

在多水源的管网中，要按每个水源的供水量来确定大致的供水范围，在此基础上确定各水源的供水边界。此外，还要从各个水源出发，按主要供水方向确定各管道的流向，同时根据节点流量均衡的情况，结合安全用水和节省投资的需要，对各节点流量进行分配。在分界线上，各个节点的水流常常是由多个水源共同提供。

通过对管网的流量进行分配，可以得到各个管段的计算流量，从而确定各管段管径。

三、给水管材的选择

为满足大规模经济发展的需要，给水工程逐渐增多。其中，给水管道工程占总投资比例最高（通常为50%～70%）。项目投入使用后，管道漏水、破损、检修、维护、摩阻损耗等都会带来大量的运行成本。而水管的选用，既与输水管线建设的投入有关，又与其运营成本、安全性等因素有关。在给水管道类型繁多的今天，合理地选用管道的样式和材质，对节约工程建设成本、降低工程运营成本、提高给水可靠性起着十分重要的作用。

（一）各种水管的性能与应用

1. 铸铁管

铸铁管根据材质可分为普通铸铁管、高级铸铁管、球墨铸铁管，我国常用的是普通铸铁管，而球墨铸铁管近年来在我国也逐渐得到广泛应用。

（1）普通铸铁管

普通铸铁管亦称为灰口铸铁管，其耐久性更好，抗腐蚀，密封效果好，安装简易。但是它的质地比较脆，不耐受震动和弯曲，质量也比较大。所以在地基较好、无振动的地区，一般都是适用的。

普通铸铁管有两种连接形式，一种是法兰式，另一种是承插式。由于法兰式连接方便，易于拆装，所以广泛用于泵站、水塔、水池等附属管线和室外的管道。但法兰式接口不能直接埋入土壤，因为它容易锈蚀。适合埋设管道的是承插式接口，但这些界面大多是硬质的，承口用橡胶圈和膨胀水泥、石棉水泥或铅进行密封，如果管沟地基发生不均匀沉降，承插口极易发生裂缝，造成渗漏。

在国内的供水工程中，普通铸铁管材已经被大量使用。根据相关资料，目前国内80%的中小型给水管道都是采用灰口铸铁管。由于材质、接口等方面存在缺陷，国内灰口铸铁给水管道的漏损爆管事故发生率较高，经济损失较大，有被其他优质管材逐渐取代的趋势。

（2）球墨铸铁管

球墨铸铁管是国内的一种新型材料，除具有与灰口铸铁管相同的抗腐蚀能力之外，还具有其他许多优点。球墨铸铁管比灰口铸铁管强度高

3倍、耐水性能高2倍、延伸率超过10%（灰口铸铁管为0）、管壁薄、质量轻。采用弹性套筒联结，施工简便，止水效果好。

球墨铸铁管因其高强度、高韧性、弹性接头等特点，使其具有一定的伸缩、挠性，并具有很好的抗爆性和抗震性。球墨铸铁管韧性好，在运输和搬运时能承受撞击，破损率可以降低到零。

另外，球墨铸铁管的经济性能也比灰口铸铁管好。尽管球墨铸铁管的单价（元/吨）高于灰口铸铁管，但是球墨铸铁管的管壁较灰口铸铁管的薄，平均单位质量是灰口铸铁管的1.70倍，而且球墨铸铁管（包括连接件）的施工也要比灰口铸铁管简单，运输和安装时的损失能够降低到0（灰口铸铁管在运输和安装中的损坏率通常在5%～10%）。因此，其综合成本要低于灰口铸铁管。

2. 钢管

钢管分为两类，即无缝钢管和有缝钢管。通常用于供水管线的是有缝钢管，该管材具有耐高压、韧性好、壁薄、质量轻、便于运输、单管长、管接口少等特点。但是其价格较高，不耐腐蚀，使用寿命较短。在室外给水工程中，一般仅在管道和水压较高、受地质条件限制或穿越铁路、河谷和地震区域时才会采用。

钢管的连接一般分为焊接和凸缘两种。钢管焊接具有接口少、施工速度快等优点，因此一些中、小口径的室外给水管线也使用了钢管。

室内给水管道一般采用直径为15～100mm的螺旋镀锌钢管，该管道的内外表面都涂有一层锌，用于减缓管道的腐蚀。结果表明，锌的作用是有限度的，镀锌钢管经过一段时间仍会发生腐蚀和结垢，对水质造成一定的影响。作为新型的替代材料，如铝塑管、塑料涂层钢管等，已在我国室内给水中得到广泛应用。

3. 水泥压力管

水泥压力管一般有三类，即预应力钢筋混凝土管、自应力钢筋混凝土管、石棉水泥管，最常见的是预应力钢筋混凝土管。石棉水泥管对水质的影响较大，目前已不再作为给水管使用。总的来讲，水泥压力管道的成本低廉，不容易发生腐蚀、结垢，输送能力可以在很长一段时间内维持稳定。其中，钢筋混凝土管为承插式橡胶圈柔性接口，可适用于多种基础，便于施工和安装。但其质量大、质脆、怕砸、怕摔、不耐高水压，所以断管、引接分支管困难。

从20世纪60年代起，在室外给水工程中逐渐采用了水泥压力管。大量的生产实践证明，尽管使用预应力钢筋混凝土管具有许多优越性，但其承载力低，爆管事故发生率高。随着某些高质量管材的问世，其应用领域逐渐缩小。

为了解决预应力钢筋混凝土管的缺陷，我国从国外引进了全套钢套预应力钢筋混凝土管（PCCP）的工艺。PCCP管体中心为厚度为1～2mm的钢板，并用橡胶圈进行密封。该管材事故发生率较低，其成本略高于预应力钢筋混凝土管，但其节约钢材70%～80%，而且耐腐蚀，是大型输水管道中比较理想的管材。

4. 塑料管

塑料管材一般分为硬聚氯乙烯（UPVC）和聚丙烯（PE）塑料管。塑料管质量轻、耐腐蚀、不结垢、输送阻力小、运输方便、价格低廉。近几年由于引进了一些先进的生产工艺，我国生产的很多塑料管也有很强的抗压能力，不易老化、使用寿命长、无毒、安全，并且使用扩口承插式连接，柔性胶圈，施工安装方便可靠，造价低廉。

塑料管因其技术和经济方面的诸多优点而被广泛用于国外某些发达国家。例如，美、日等国家UPVC管材的使用量已经超过20%，德国的输水管道使用量超过50%。近年来，随着从国外的大型塑料管专业制造商引入了先进的塑料管制造技术，国内塑料管的毒性、老化问题得到了有效的解决，水压性能得到了很大的提高，管道的口径逐渐增大，管道的整体质量得到了根本的改善。

5. 玻璃钢管

玻璃钢管一般分为玻璃纤维缠绕的玻璃管和离心铸造的玻璃钢管材。它们的共同特征是耐腐蚀、不结垢、低输送阻力（玻璃纤维缠绕型

管 n=0.01，离心铸造管 n=0.008)，采用套管接口，橡胶带止水，施工方便。但是，玻璃钢管材的价格比较高，尤其是玻璃纤缠绕式管材的价格比较高。目前，国内已经建立了几家玻璃钢缠绕式玻璃管工厂，生产的产品管径为 50～200mm。HOBAS 管还引进了国外先进的流水线，产品管径为 200～2400mm，并在部分大型引水工程中应用良好。

（二）影响水管选择的因素

选择水管时，除要熟悉各种水管的性能及其应用情况外，还须考虑以下列因素。

1. 水管所需承受的水压

每种水管都具有一定的承压性能，有些管道具有较高的承压性能，如钢管、球墨铸铁管；有些承压性能较差，如水泥压力管、塑料管等。所以，在选用水管时，必须在充分考虑安全因素的情况下，按实际需要承受的水压来进行。

2. 水管所需通过的流量

每种水管都有特定的尺寸，有些水管可以像钢管那样大，还有一些像塑料管那样小。在需要通过超大流量、技术经济条件有限的情况下，水管的尺寸和流速是一个很重要的因素。近几年来，国内许多大流量、长距离输水工程都采用了钢管和矩形截面钢筋混凝土管，一方面是因为其技术性能好，另一方面是因为可以将其管径做得足够大。

3. 铺管地区的地质情形

水管通常铺设在地下，但因其材料不同，其耐腐蚀、抗弯性能也不尽相同。例如，钢管耐腐蚀性能差，但抗弯曲性能好；水泥压力管和塑料管耐腐蚀性能好，但抗弯曲性能差。所以，水管铺设区域的地质条件（例如土壤的腐蚀性和承载能力）应该成为水管选择的重要依据。一般情况下，在一些有腐蚀土壤的区域，应优先选择钢筋混凝土压力管（渠）、塑料管、玻璃钢管等。在软弱地基上进行管道建设时，应选择具有良好的防腐蚀、抗弯曲性能的球墨铸铁管，从而有效延长管道的使用寿命，降低供水事故。

4. 管线造价与经营费用

在选用水管时，必须先达到技术和应用的需要。但是，满足上述需求的水管往往不止一种，因此，在选择水管类型时，经济性也是一个重要的因素。

经济上的优势一般是由水管成本与经营成本的总和在一段时间内的对比来决定的。水管成本指的是材料、运输、安装、损耗等各种费用。运营成本是由水管漏水、破损维修费用和摩擦力等引起的费用。所以在选择水管时，既要考虑水管的成本，又要考虑运营所需费用，否则很难在经济上做出正确的抉择。有些水管的价格会更高，但是其他的成本会更低，比如玻璃钢管；而有些水管价格不高，但是其他费用较高，比如钢管。

目前，在我国给水管材中，具有较强的经济竞争力的是塑料管和钢筋混凝土压力管（渠），其中塑料管的优势尤为突出。球墨铸铁管与灰口铸铁管、钢管相比，在经济性上也有很大的优势。而玻璃钢管，特别是 HOBAS 管，虽然成本与钢管不相上下，但是由于经营成本低廉，在经济上比钢管更具竞争力。

5. 其他因素

其他因素有管道供应、铺管方式等，如果水管采用顶管方式进行施工，应选择钢管或 HOBAS 管。

四、给水管网改扩建设计

在城市给水管网工程中，管网的改扩建是最普遍的问题。管网改扩建工程的设计和计算过程与新建管网基本一致，但具有一定的特殊性。这里简单阐述几个需要处理的特殊问题。

（一）现状管网核算

管网的核算是管网改造和扩建的依据，利用现有管网的计算方法，可以得到管网各泵站的流量、扬程、节点流量、管段流量、水头损失和摩擦阻力系数，从而为管网改扩建设计提供重要依据。

我国管网的实际绘图往往较为复杂，管网有少量管径较大的管线，也有数量较多但管径较小的管线。把所有的管线统统计算出来是没有必要的，而且几乎没有可能。所以在进行管网改扩建时，应对现有管网进行适当的简化，保留主干管，略去较小的管道，将一些较小、相互平行、相邻的管线进行整合，这样既能基本反映实际的管网图形，也有利于减少计算工作量。不过现今已有计算机辅助计算，所以在简化管网时，可以尽量保留管道直径较小的管道，以便经过计算所得到的管网简图尽可能贴近实际的管网。

在计算现有管网的基础上，不仅要对管网进行简单的规划，还要对现有的管网进行设计，如水泵的特征、管道阻力、水塔、水池表面标高、节点流量等。在上述参数中，只有水塔或水池的表面高度比较容易测定，其余的测定都比较困难。

1. 节点流量

管网节点本质上是对城市给水系统进行归纳和简化，而节点流量是反映城市用水量的一个重要指标。在计算现行给水管网时，首先，要解决的问题是如何在不同的供水条件下，确定各管网的节点流量，这是一个十分棘手的问题。如今常用的解决方法简单来说，首先，依据各自来水公司近几年每月的用水量数据，选出一批高用水量的客户，然后将其每月（年）的用水量分别计入邻近节点，或者按照水力学的原理，将其转换为管道两端的节点；其次，将大量小型用户的用水量和漏水量（泵站每月平均时用水量与大用户月（年）平均时用水量之差）作为沿线流量折算到每一个节点，由此可得管网各节点月（年）平均时流量；最后，利用管网泵站每天的供水数据，计算出每月（年）的供水流量变化系数 Kh，用 Kh 乘以每个节点月（年）的平均时流量，可以求出每个月（年）中每天、时管网各节点的流量。但这种方法得到的节点流量是比较粗略的。

2. 管道摩阻系数

管道摩阻系数是管道长度、管径和管壁粗糙系数 n 的综合体现。在这些管道中，管道长度不会随使用年限的延长而改变。

新铺设管道的管径和粗糙系数 n 较为精确，因此摩阻系数 S 更接近于实际情况。由于管道寿命的延长和水质问题，管道内壁容易发生腐蚀和污垢，从而导致管径减小、管壁粗糙度增大、管内摩阻系数增加。根据一些地区的经验，10～20 年后，钢管表面的粗糙系数 n 可提高到 0.016～0.018；内壁未除衬里的铸铁管在使用 1～2 年后，粗糙系数 n 可以达到 0.025，但对于钢筋混凝土、塑料管、FRP 管等具有较高抗腐蚀性的钢管，即使经过长时间的使用，其粗糙度也会保持不变。因此，现有管网改扩建工程的设计和计算，不能简单地按新铺设管道的阻力系数，而应根据不同的水管类型、衬里、使用条件、安装时间等因素，分别加以处理。对于长期使用和耐腐蚀性较弱的管线，必须测量其摩擦阻力系数。在需要测量的管道数量较多的情况下，应按管材管径、使用条件和安装时间等因素，对不同类型的管道进行测量。

3. 管网计算及其调整

在以上计算参数确定以后，就可以进行计算了。计算结果为各节点水压、管段流量、水头损失、水泵扬程等。

经验表明，计算值与实际测量值有一些差异。造成这种情况的主要原因有两点：一是简化了的管网图与真实的管网有一定的距离，二是计算结果与实测数据有较大偏差。通过进一步的研究发现，在计算参数时，如果能够经常检测泵的性能和摩擦阻力系数，那么泵的特性和摩擦阻力系数就可以得到较为精确的测量；但对于节点的流量，很难得到精确的数值，因为随着用水量的改变，流量会发生随机性。要想消除或减小计算结果与实际测量数据的差异，就必须从减少或减小（调节）节点流量和其客观值的偏差着手。

现有的解决方法是在管网中适当设置测压点和测流点，并在满足节点方程等约束的情况下，对测压点上的计算压力和测流点上的流量进行调节，得到相应的节点流量，再将其输入节点方程中进行计算，得到修正后的管网水量计算结果。

（二）管网改扩建优化设计

通过对现有的管网进行核算，可以确定哪些管道需要更换，哪些管道需要增加管道的直径，哪些管道需要更换新的管道，甚至可以确定哪些水泵需要更换。据此，可以制定管网改扩建工程的规划。管网改扩建工程的优化设计主要由改扩建管道布局和改扩建管道管径优化两部分组成。

改扩建管道管径的优化，需先确定管网、泵站的布置，各泵站的供水量、各节点流量、管段流量、非改扩建管段的管径、摩擦阻力系数等相关参数，并对改扩建管道的管径进行研究。

第四节　排水管网设计

排水管网设计一般按这些步骤进行：划分排水流域，进行管网定线，计算设计流量，进行水力计算，绘制设计图纸，编制工程概预算。

一、排水管网的布置

布置排水管网的目的是在浅的埋深情况下，尽量快速地收集污水，排除雨水。排水管网解决的主要问题如下。

（一）划分排水流域

在城市排水区范围内，排水区界按照地势和垂直方向的规划，按分水线将其划分为多个排水流域。对于地势平坦、无明显分水线的城市，可以按区域的大小进行分区，以便在适当的干管深度下，将雨水和污水从集水区中排出。

（二）管网定线

在排水管网的设计中，定线是确定设计是否经济的前提，通常先确定排水口边界，然后按照主干管、干管、支管的顺序依次定线。汇流式排水系统的截流干管通常与水体平行，斜坡面向污水处理厂，与干管斜线相交。分流式排水系统的主要排污管道数目由污水处理厂的数目决定，而主干管的数目则由出水口的数目决定。污水和雨水主干管一般设置在市区的最低点，并根据排水管和排水口的位置而定。污水沿主干管流向污水处理厂，雨水沿主干管斜坡流向雨水排水口。无论是污水系统还是雨水系统，在设置主干管时，应确保通过各个分水岭的干管都能自流进入。每个排水流域至少有一条干管，通常设置在低洼地区，并采取斜坡向。

在设置干管时，必须确保流域内的所有分支管道都能直接接收附近居民的污水和雨水，在布局时应方便建筑排水管自流接入。

支管的布置方式与街坊大小、形状、坡度及规划有关。当街坊为长形时，可以在下层设置管道。如果街坊面积大，又是方形，则需要在周围设置管道。当街坊规划确定，并有足够的空间供管道铺设时，可以将支管直接插入街坊中。

（三）确定管道在街道上的位置

排水管道一般沿道路铺设。现代化城市的道路下面有多种管线，即给水管、污水管、雨水管、煤气管、供热管、电力电缆、通信电缆。当道路宽度在 40m 以下时，通常仅铺设一条污水管道和一条雨水管道，排水管道应设置在沿街排水管多、排水量大、地下管线较少的地方；在路面宽度达 40m 以上的情况下，为了缩短连接支管的长度，减小与其他管道的交叉，可以在道路两侧铺设污水管道、雨水管道。中央有隔离区的路段，可以在隔离区下面设置雨水管道。为了避免排水管道的维修对城市的交通造成一定的影响，排水管道应该尽可能远离快车道。为了避免管道渗漏对其他管线和建筑物的地基产生影响，排水管道应与其他管线及建筑物保持一定的距离。

（四）处理好控制点管道埋深

控制点是控制整个管网埋深的重要因素。在确保街区排水管道能够自流式接入的情况下尽量减少控制区的排水管道埋深，对于节约工程建设投资具有重要的意义。在减少埋设深度后，无法达到最小覆盖层厚度时，应采取相应的防护措施。在地势较低的地方，由于重力式排水，会导致整个管网的深度过大，需要对局部进行抬高。

排水管道中的水流是一种自重流，根据明渠的等流力计算公式可以看出，如果水流较大，在设计坡度时，管道直径较大，则对应的水力斜率较低。通过在控制点上适当增大管道的排水面积，增大排水量，可以有效减少管线的斜率，减少下游管线的埋深。

（五）布置连接管

街道下面的排水管通常是在街区规划不明确的情况下布置的，为了方便居民生活设置的排水管，每隔一段距离就会有一条连接管，连接到附属的人行道下，并预留检查连接管，避免今后街坊排水管接入时破坏已建路面。

连接管的间距以 80～120m 为宜，具体布局要根据街区的面积和街道上的排水管道的安装要求来确定。在确保相邻小区排水管道能够自流式接入的前提下，连接管的高度要合理，同时要避免与其他地下管道发生冲突。连接管管径一般为 300mm，最小坡度为 0.003。

（六）设置泵站

为避免城市局部低洼地区污（雨）水的任意排放，整个管网的深度必须增加，建筑物地下室、人防建筑、地铁车站、立交道路底层的污（雨）水必须设置局部泵站。

由于排水系统通常是由重力流引起的，所以管线必须沿着水流方向倾斜，在地势平坦的区域，管线会逐渐加深。当管道到达一定深度后，工程造价会大幅上升，技术难度会大大提高，甚至难以实施。因此，必须在地表以下设置一个半程泵站，把地下的污（雨）水抬升到离地面较近的地方。

污水排放到污水处理厂后，将其送入地表的处理构筑物中，需要设置末端泵站进行提升。雨水是直接排入水体的，在水位超过流域地表水位的情况下，必须设置一个末端泵站进行压力排出。

排水管网中的水泵应该尽量远离居民楼和需要保持安静的公用建

筑物。

二、排水管网设计计算

（一）水力计算

排水管网的水力计算是排水管网设计和计算的重要内容。排水管网是以树枝形式存在的，雨水、污水通常通过管道两端的高度差而流动，也就是重力流。排水管道内的流量是不断变化的，管道交汇处的局部流速会降低，而跌水处的流速会增加。

（二）基本规定

为保证排水管网投入使用后，管网在运行时水力状况良好、不易发生堵塞、不受冲刷、排水通畅、延长使用寿命、降低维护工作量，设计人员在设计和计算中应明确相关的设计参数。

1. 充满度

为了便于排出管道中的有害气体，防止遇到不可预知的水量时造成污水从检查井中流出，必须保留一部分不过水的空余断面。

2. 流速

污（雨）水在管道中的流动速度较慢时，会使水中的杂质沉淀，从而形成泥沙；当水流速度增加时，会造成管壁的冲刷，严重时会造成管线的损伤。为了避免管道内的泥沙和冲刷，设计的流量不能太小或太大，必须控制在最大和最小的设计流速范围内。

最小设计流速是指在管道中不会产生泥沙的速度，这个最低限度与污（雨）水中的悬浮物质组成和颗粒大小以及管道排水的便利程度有关。生活污水管道最小设计流速为 0.6m/s，对含有金属、矿物固体或重油的生产污水管道，应适当增大最小设计流速，并按试验或调研结果确定；雨水及合流管道的最小设计流速是 0.75m/s；如果采用明渠进行清淤，最小设计流速可达 0.4m/s。在地势平坦的区域，为了避免快速增大埋深，可以适当地减小最小流量，但是污水管道的最小流速不能低于0.4m/s；雨水管道的最小流速不得低于0.6m/s。当水流速度达不到要求时，必须设置冲洗井。最大设计流速是指在管道不受水流冲刷而破坏的速度，流量的大小取决于管道材质。非金属管道最大设计流速为5m/s；金属管道最大设计流速为10m/s。

3. 最小管径和最小坡度

在排水管网各个分支的起始端，有时设计流量很小，如果按设计的流量来计算水力，管道的直径将非常小。根据养护经验，管道直径太小容易发生堵塞，增加养护工作量。因此对排水管道最小直径作出规定，可降低管路的阻塞次数。从水力计算中可以看出，在一定的设计流量下，在相同的管径情况下，水流速度与设计坡度呈正相关关系。为了减小阻塞，只有规定的最小管径是不够的，必须确定相应的最小坡度。

4. 埋深

埋深的大小对工程造价和施工期限有很大的影响。随着埋深的增加，工程的工作量和施工难度也随之增大，特别是在地质条件不佳时，将会大大提高工程造价。为此，应根据工程技术、经济指标和施工情况，合理选择最大埋深。排水管道在干土中的最大深度不应大于7～8m，而在多水、流沙和石灰岩地层中，通常不应大于5m。在减少施工成本和缩短施工周期的前提下，应尽量在较短的时间内处理埋深，但应确保管道不会因为水流结冰或土壤结冰而受损，也不会受到地面荷载的影响。车行道下排水管道最小覆盖层厚度不得低于0.7m，在管道可能受到地表荷载的情况下，必须对管线进行防护。

生活污水本身温度较高，即使在冬季，污水温度也不低于4～11℃，许多工业废水也是高热的。另外，由于污水管道是按照一定的斜率铺设的，所以污水的流动速度是固定的，而且不会结冰。因此，污水管道无须全部铺设于冰冻线之下，只要其底部与冰冻线之间的间距不大于相关规定即可。未采取保温措施的生活污水管道或靠近生活污水的排水管道，其管底与冰冻线之间的间距不能超过0.15m；采用保温措施或温度高的污水管道，管底与冰冻线的距离可以增大，其间距应依据当地或类似地区的经验而定。

5. 衔接

在设计过程中，衔接应充分考虑检测井上游与下游管线之间的高程关系、流速关系及管径关系。管道衔接时应遵守两个原则：一是防止在上游管道中形成回水，从而产生淤积；二是要尽量提高下游管线的标高，降低埋深，平坦地带尤其要注意这一点。排水管道的衔接形式有表面平接与管顶平接两种形式，在水下平接不方便，且易造成误差，但能降低管线的埋深；管顶平接可以方便地进行施工，可以确保水流的顺畅，但是需要增加管线的深度。无论采用何种方法，在连接时应确保下游水位不能超过上游，下游管道底部不能超过上游管底。下水道可以在地面上进行平接，也可以在管顶部进行连接，而雨水管道则可以在顶部进行平接。

通常情况下，下游管道的流速不能比上游管道的流量小，否则会导致水流中心地带的杂质由于流速降低而沉淀，仅在坡度较大的管道与坡度较小的管道连接，并且下游管道的流量已经超过 1.2m/s 时，设计流速才允许减小。另外，下游管道的管径也不得小于上游管道的管径，只有在坡度较小的管道与坡度较大的管道上，才能减小管径，小于 400mm 的管道能缩小一级，大于等于 400mm 的管道缩小不得超过两级。

三、附属构筑物及管道接口与基础设计

为了使排水管道更好地收集、输送和排放污水和雨水，应在排水管线上布置多种附属构筑物，如检查井、跌水井、水封井、雨水口、出水口、溢流井、倒虹管等。附属构筑物设置是否合理，直接关系到排水系统是否安全、可靠、方便维护以及是否能节约成本。为避免由于地基沉降引起的排水管道漏水、淤积、错口、断裂，应对管道的接口和基础进行合理的设计。

（一）检查井

为了方便管道系统的定期检查和清理，必须安装检查井。检查井一般设置在管渠交会、转弯、管道尺寸或坡度变化、水位下降、管道通过障碍物、间隔一段距离的直线渠中。为了减少工程成本，应尽量减少检查井数目，但检查井数目太少，对管道的清理不利。

检查井井身的平面形状有圆形、矩形和扇形三种。主管管径小于800mm时，一般采用圆形检查井；主管管径大于等于800mm，并沿直线铺设，无支管接入或支管垂直接入时，采用矩形检查井；主管管径大于等于800mm，外转角为30°、45°、60°或90°时，采用扇形检查井；主管管径大于等于800mm，转角不规则时，采用圆形检查井。

检查井与下游管道的倾角通常在90°以上，以确保排水顺畅。在上下游管道倾角小于90°时，为了防止水流阻塞而形成泥沙，在检查井上下游管道处应设置合适的落差，但这样会导致下游管道埋深增大。当下游管道的埋深有限时，应增加一口检查井，并可在水面上进行水平连接。在分支管与主管之间的角度小于90°时，分支管的高度应该与主管水位保持一定的落差，这样可以避免分支管的水流被顶住。如果由于埋深的限制，无法保证合适的落差，还应该增加检查井加以过渡。检查井底部应设置流槽，流槽与井壁之间的距离应为20cm，以保证检修时维护人员的工作需要；同时，在检查井底部应有0.02～0.05坡度的坡向流槽，以防止检查井积水时淤泥沉淀。检查井的井壁要有一个脚槽或一个梯子，以便维修工人进出检查井。为了便于清理和对井底进行检查，应每隔200m设置0.5～1.0m深的沉泥槽。

（二）跌水井

如果上游和下游管道水位之间存在较大的落差，为消除跌水的能量，所设置的检查井叫作跌水井。跌水井通常设在这些水位落差超过1m的地方：管线中流速太大，必须调节处；按与斜坡相垂直的等高线布置，根据预先确定的坡度管道暴露在地表处；分支管插入比管道更低处；管线遇到地下障碍物时，必须跌落通过处，并在出水口前面的检验井内进行排放。跌水井应设置在直道上，而不应设置在管道转弯处。

跌水井有竖管式、竖槽式、阶梯式和消力槛式等形式。竖管式适用于管径小于等于200mm，跌差为1～6m的雨污水管；竖槽式适用于管径300～400mm，跌差为1～4m的雨污水管；管径大于400mm时，通过水力计算，可以按跌水水位的大小，选择阶梯式或消力槛式。在跌落井水位落差超出正常跌落范围的情况下，应当考虑多级跌水。

（三）水封井

水封井的功能是当排水管道中发生爆炸或火灾时，能阻止火焰或有毒气体通过管道扩散。水封井应该设置在排水孔和排水干管之间，并在排水孔和排水干管之间保持一定的间隔。如果其他管线需要与可燃、易爆炸的污水管线相连接，则在连接部位还应安装水封井。水封井井口不能设置在交通工具和人流密集的区域，并且要与有火源的地方保持一定距离。通常水封厚度为0.25m，水封井的底部要设置沉泥模具，顶部要设置通风设备，通风管道直径不能低于100mm。

（四）雨水口

雨水口是收集地面径流雨水的主要构筑物，适当的雨水口形式和适当的排水量是解决地表暴雨积水问题的一个重要保障。雨水口的布置方式有三种，分别是平箅式、边沟式和联合式。按进水箅数量不同，可分为单箅、双箅和多箅。平箅式水流通畅，但在大雨的时候，容易受到树枝等杂物的阻碍，从而影响排水。边沟式不会发生堵塞，但是需要在一定的水深范围内使用。平箅式雨水口通常用于没有道路的地面或地势较低的地方，而边沟式和联合式通常设置在路旁。较窄的路面采用单箅雨水口，较宽的路面则采用双箅或多箅雨水口。

如采用750mm×450mm的标准铸铁箅，平箅式雨水口的泄水能力，单箅为20L/s，双箅为35L/s；多箅每增一箅，泄水能力则增加15L/s。边沟式雨水口的泄水能力，单箅为20L/s，双箅为30L/s；多箅每增一箅，泄水能力则增加10L/s。联合式雨水口的泄水能力，单箅为30L/s，双箅为50L/s；多箅每增一箅，泄水能力则增加20L/s。道路纵坡较大时，雨水口泄水能力则有所下降。

直道雨水口的设置要按地形和汇水面积来决定，如果按照道路长度来布置，则无法达到预期的效果。雨水口之间的间距不能太小，也不能太大。间隔太长会导致地面积水，间隔太短会增加与分支管道、检查井之间的联系及工程投资，造成资源浪费。雨水出口的间隔通常在25～50m，并且在布置时要考虑检查井的排列间隔。在坡段较短的情况下，沿路可以少设置或不设置雨水口，但在道路低端处，则要减少雨水口的间隔，增加雨水口的排污量。

雨水口应在水平方向上进行串联，其串联数量不得多于3个，连接分支管道的长度不得大于25m。管道的最小直径为200mm，最小坡度为0.01。

一般情况下，雨水井深度为0.6～0.8m，最大为1.0m。由于检查井的清通要求比雨水口干净，所以沉泥槽的位置应设置在相应的检查井内。

（五）出水口

污水经过污水处理厂的处理后排放到水体中，雨水将直接排放到水体中，因此在进入水体的排水管道中必须设置出水口。污水出水口的数量与污水处理厂的数量一致，雨水出水口的数量与城市的水体高度、城市与水体的距离等因素密切相关。当水体洪水位超过城市地面标高，需要在汛期设置提升泵站时，宜将雨水适当集中排放，并设置少量出水口，以减少泵站数量。当城市距离水域较远，污水管道较长时，为了减少管道的长度，应该将雨水集中排出，减少出水口。

活水出水口设置在城市水体的下游，要重视污水的质量对水体环境的影响，同时兼顾水体的冲淡和自净能力，以确保水体的用水、养殖、旅游等功能不受影响。为了使污水和水体的水完全混合，通常采用淹没式排水，管顶标高应低于正常水位。为了避免水的倒灌，雨水出口在天气好的时候通常是非淹没式，管顶标高应高于正常水位。出水口要设置在桥涵闸门等结构的下游，并与其保持一定的距离。未浸水的出口必须采取措施，以免被冲蚀。

淹没式出水口适合一般情况下的污水排放；江心分散式出水口适合要求污水和水体完全混合的情况；一字式出水口适合管线与明渠的衔接；八字式出水口适合河道有缓坡的地方；门字式出水口适合斜坡较陡的河道。

（六）溢流井

在截流式合流制排水系统中，晴天时，管道内的污水被直接送入污水处理厂进行处理；雨天时，只有小部分管道内的混合污水被送入污水处理厂，超出了该管道输送能力的部分则不作处理，直接排放到水体中。在合流干管与截流干管的交汇点，必须设置一口溢流井，以实现对其的截流和溢流。

溢流井的选址及数量应从环保、工程成本等方面加以考虑。为了减少干管的规模，应尽可能增加溢流井的数量，这样可以让混合污水尽早溢入水中，减少下游干管的设计流量，从而减小排水管的规格，减小污水处理厂的规模，降低项目成本。但是溢流井的数目太多，会导致泄水井和排水管道的成本上升。尤其是在溢流井距水面较远、施工条件不佳的情况下。从水质、环境等方面考虑，建议采用较少的溢流井，并将其设置在水体的下游。当溢流井的溢流堰标高高于水体洪水位时，必须在排放管渠内设置防潮门、闸门或排涝泵站，以降低工程造价，并使其易于管理。

溢流井有截流槽式、溢流堰式和跳跃堰式三种类型。截流槽式溢流井的合流管线与溢流管的管底高度一致，无须增加溢流管的埋深，适用于有一定深度的溢流管线。溢流堰式溢流井合流管与截流干管的管底高度一致，无须增加干管的埋深，适用于有一定深度的截流干管。跳跃堰式溢流井的截流干管和溢流管径都比合流干管要小，因此它的埋深要更大，但是合流干管的出流状况良好，不会产生回水。此外，在降雨小的时候，跳跃堰式溢流井会将混合的污水送入污水处理厂进行处理；雨水大的时候，则会将混合的废水溢出，排入水中。综上可知，设计时要视具体情况而定。

（七）倒虹管

由于排水管线存在一些障碍物，如河流、铁路、各种地下设施等，管道无法按照原来的坡度进行埋设，因此在通过障碍物的局部部位时，要将管道的高度降低，这样就可以通过障碍物的底部。通过障碍物后，管道的高度就会上升，从而形成倒虹管。穿过大型障碍物的倒虹管包括进水井、出水井、上行管、下行管、水平管等；穿过小型障碍物的倒虹管包括进水井、出水井和横管。为了减少倒虹管的长度，倒虹管必须尽量垂直于障碍。

在通过大型河道等障碍时，应至少设置两条工作管路，在排水量不足或未满足设计流量的情况下，应选择一条作为备用。

倒虹管的清通量要远高于普通的管道，所以要采取多种预防措施防止倒虹管中的泥沙淤积。在设计时，可采取以下措施。

（1）增加倒虹管的流速，通常以 1.2～1.5m/s 为宜，如果在困难时期，可以适当减小，但不能低于 0.9m/s，并且不能比上游管道的流速小。在管道流速低于 0.9m/s 的情况下，必须采用定期冲刷的方法，冲洗速度不能低于 1.2m/s。

（2）最小管径为 200mm。

（3）在进水井内设有可以用河流进行冲洗的设施。

（4）在进水井或接近入口井的上游管道的检验井内，应在获得地方环境部门许可的情况下，设立事故出水口。在需要对倒虹管进行维修的情况下，可以将上游的污水从事故排出口排放到河道中。

（5）将沉泥槽设置在靠近入口井的上游管道的检查井的底部。

（6）倒虹管的上行管道与水平方向的角度不能超过 30°。

（7）为调整流量，方便维修，进水井应该设有闸板或闸槽，也可以用溢流堰代替，进水井和出水井处要有井口和井盖。

（八）接口及基础型式选择

管道接口的选择要考虑排水性质、受力条件、施工方法和水文地质条件等因素的影响。

在不受干扰的基础上铺设管道，通常可以采用水泥砂浆抹带接口、钢丝网水泥砂浆抹带接口、承插管水泥砂浆接口。

在软弱地基上铺设管道，出现小面积不均匀沉降时，可以采用半刚性接口，如预制钢筋混凝土套环石棉水泥接口。

在铺设管道时，若地基受到干扰，可采用新旧回填土层进行处理。对于沿管线纵向土质不均等区域，则需使用柔性接口，如预制钢筋混凝土套圈沥青砂接口、承插式沥青油接口。

在给排水工程中，一般采用素土地基、砂垫层基础和90°、135°、180°的混凝土带形基础。管道基础的选择应考虑水文地质条件、地面荷载、管径和覆盖层的厚度。

第二章　市政道路桥梁施工及管理

第一节　建设监理

一、建设监理概述

建设监理是指监理单位受建设单位的委托，对工程建设全过程或项目实施阶段进行监督和管理的专业化服务活动。

建设监理大致包括对投资结构和项目决策的监理、对建设市场的监理、对工程建设实施的监理。目前，我国的建设监理还处于初级阶段，主要是对建设市场工程建设实施的监理，包括新建、改建和扩建的各种工程项目。政府和公有制企事业单位投资的工程，以及外资、中外合资建设项目，必须实行招标承包制和建设监理。其他所有制单位投资的工程，也要引导实行这两种制度。

工程建设监理制度是我国建设体制深化改革的一项重大措施，它是适应市场经济的产物。建立并推行建设监理制度，是建立和完善社会主义市场经济体系的需要，也是开拓国际市场、进入国际经济大循环的需要。

二、工程建设监理的内容和作用

建设监理的实施是指由专业的社会监理单位，受建设单位或投资者的委托，对工程建设项目的全过程或工程项目的某一阶段所进行的监理活动。

（一）监理的主要业务内容

(1) 建设前期监理含投资决策咨询、编制项目建议书和项目可行性研究报告等。

（2）设计阶段监理包括选择勘察、设计单位，审查勘察报告与设计图纸，核查设计概（预）算等。

（3）施工招标监理包括准备招标文件、协助组织招投标活动、协助签订承包合同等。

（4）施工阶段监理包括协助承包单位写开工报告、选择分包单位、审查施工组织设计和施工技术方案、检查工程使用材料和设备的质量、检查工程质量、检查工程进度、签署工程付款凭证、检查安全措施、调解建设单位与施工单位的争议、组织工程竣工的初步验收、提交竣工验收报告、审查工程结算等。

（5）保修阶段监理包括协助建设单位检查工程情况、组织鉴定质量问题、督促责任单位保修等。

（二）工程建设监理的作用

工程建设监理的作用是代表建设单位，对工程建设项目用严格的监理制度和特殊的管理方式，按合同规范要求，进行全过程跟踪和全面监督与管理，促使工程建设项目的投资、工期、质量按计划实现，使工程建设项目合法、合理、科学、经济。

三、工程建设监理的范围、依据和程序

建筑工程建设监理是指工程建设监理单位受建设单位委托，对建筑工程所进行的监督和管理的活动，以保证建设行为符合国家法律法规和有关政策，防止建设行为的随意性和盲目性，促使工程建设的进度、投资、质量等按合同进行，保证建设行为的合法性和经济性。

（一）工程建设监理的范围

建筑工程实施强制监理的范围包括：

（1）国家重点工程，大、中型工程项目。

（2）市政、公用工程项目。

（3）政府投资兴建和开发建设的社会发展事业项目及住宅工程项目。

（4）外资、中外合资、国外贷款、赠款、捐款建设的工程项目。

（二）工程建设监理的依据

根据《中华人民共和国建筑法》和建设监理的有关规定，建设监理的依据有：

（1）国家法律、行政法规。

（2）国家现行的技术规范、技术标准。

（3）建设文件、设计文件和设计图纸。

（4）依法签订的各类工程合同文件等。

（三）工程建设监理的程序

监理人按合同约定派出监理工作需要的监理机构（派驻该工程现场实施监理业务的组织），委派总监理工程师及其监理机构的主要成员，迅速实施工程建设监理。工程建设监理一般应按下列程序进行：

（1）编制工程建设监理规划。

（2）按工程建设进度，制定专业编制工程建设监理细则。

（3）按照建设监理细则进行建设监理。

（4）参与工程竣工预验收，签署建设监理意见。

（5）建设监理业务完成后，向委托人提交工程建设监理档案资料。

我国建设监理起步晚，要形成一套具有中国特色的建设监理法规体系，还需要不断探索、总结和完善。

第二节　道路与桥梁施工技术

一、道路施工技术

（一）路基的施工技术

路基的强度和稳定性不仅要通过设计予以保证，还要通过施工得以实现。路基是路面的基础，路基的施工质量直接影响路面的使用品质，坚固而稳定的路基是通过施工才能实现的，只有通过精心施工才能建成高质量的路基工程。路基施工主要是挖掘路堑、填筑路堤、路堤基底处理、清理场地施工中的排水以及边沟、边坡的修筑等工作。

1. 路堤填筑施工

为保证路堤的强度和稳定性，在填筑路堤时，要处理好基底，选择良好的填料，保证必需的压实度，使用正确的填筑方法和施工工艺。

（1）基底处理

路堤基底是指路堤所在的原地面。为使路堤填筑后基底不会产生过大的沉陷，并使路堤与原地面紧密结合，防止路堤沿基底发生滑动，应根据基底的土质、水文情况、坡度等对基底采取相应的处理措施。例如，路堤原状土的强度不符合要求时，应进行相应深度的换填；地下水影响路堤稳定性时，应采取拦截、引排地下水或在路堤底部填筑渗水性好的材料；地面横坡较陡时，应将原地面挖成台阶状，并进行夯实。

（2）填料选择

无论是土方路堤、石方路堤还是土石方路堤，填料选择时一般都以利用当地土石做填料为原则，尽量选择挖取方便、强度高、稳定性好并便于施工的土石作为路堤填料。可用于填筑的土石材料一般有巨粒土、石质土、砂土，而轻黏土、重黏土均不是理想的填筑材料。将某些含有泥炭、淤泥、冻土、强膨胀土、有机质等的土质作为填筑材料时，其含量均不得超过规范规定的含量。

（3）填筑方法

路堤基本填筑方法有分层填筑法、竖向填筑法、混合填筑法等。

①分层填筑法。按照路堤设计断面，自上而下逐层填筑，可以将不同性质的土层有规则地分层填筑和压实，可分为水平分层填筑和纵向分层填筑。水平分层填筑是指填筑时按照全宽分成水平层次，逐层向上填筑，是路基填筑的基本方法。纵向分层填筑是指依线路纵坡方向分层，逐层向坡上填筑，一般用推土机从路堑取土填筑距离较短的路堤。

②竖向填筑法。从路堤一端或两端的某一高度把填料倾填于路堤底部，逐层推进填筑。此法填筑的填土厚度过厚，不易压实，仅适用于无

法自下而上填筑的深谷、陡坡、断岩、泥沼等机械无法进场的路堤。

③混合填筑法。路堤下层用竖向填筑而上层用水平分层填筑的方法，适用于因地形限制或填筑堤身较高，不可采用水平分层或竖向分层自始至终进行填筑的情况。一般沿线路分段进行，分隔距离以20～40m为宜，多在地势平坦或两侧有可利用的山地土场的场合使用。

2. 路堑挖方施工

根据路堑深度、纵向长短及现场施工条件，路堑的开挖方法有横向挖掘法、纵向挖掘法、混合式挖掘法等。

横向挖掘法就是从路堑的一端或两端开始，以全宽及适当深度进行开挖。此法适用于挖掘浅且短的单层路堑或深且短的多层路堑。

纵向挖掘法又可分为分层纵挖法、通道纵挖法和分段纵挖法。分层纵挖法是沿路堑全宽以深度不大的纵向分层进行挖掘；通道纵挖法是先沿路堑纵向挖出一条通道，再把通道向两侧拓宽，以扩大工作面；分段纵挖法是在路堑上选择一个或几个适当位置，从一侧挖成一个或几个出口，把路堑分为几段，再分别沿纵向开挖。

混合式挖掘法是将横向挖掘法和通道纵向挖掘法混合使用，先沿路堑挖出一个通道，然后沿横向坡面开挖，或者沿横向挖出横向通道。

对于石质路堑来说，开挖方式需要根据岩体条件、开挖尺寸、工程量和施工技术要求等因素，通过方案比较拟定合理的开挖方式，开挖方式有钻爆开挖法、直接使用机械开挖法、静态破碎法。

3. 路基防护和支挡

路基防护工程是防治路基病害、保证路基稳定、改善环境景观、保护生态平衡的重要措施，防护工程一般有边坡坡面防护、冲刷防护、支挡建筑物及湿软地基加固等。用于防护的材料有植物防护、圬工防护、土工织物防护等材料。支挡建筑物一般采用挡土墙，挡土墙分为重力式挡土墙、加筋土挡土墙、锚杆挡土墙三种形式。用于湿软地基的有基底开挖换填、砂垫层、反压护道、抛石挤淤、砂井、塑料排水板、土工聚合物处置、旋喷桩等多种加固方法。

（二）路面的施工技术

行车荷载对路面的作用随着深度增加而逐渐减弱，同时路基的湿度和温度状况也会影响路面的工作状况，因此从受力情况、自然因素等对路面作用程度不同以及经济的角度考虑，一般将路面分成基层（底基层）、面层、垫层来铺筑。

1. 基层（底基层）施工

（1）基层（底基层）的类型

基层的两大类型是粒料基层和无机结合料稳定基层。

粒料基层有嵌锁型和级配型两种类型，嵌锁型包括泥结碎石、泥灰结碎石、填隙碎石。填隙碎石可用于各等级公路的底基层和二级以下公路的基层，泥结碎石和泥灰结碎石可用于各级公路的基层。级配型包括级配碎石、级配砾石、级配碎砾石以及符合级配的天然砂砾等。其中，级配碎石可用于各级公路的基层和底基层，级配砾石、级配碎砾石以及符合级配的天然砂砾可用于轻交通的二级及二级以下的基层和各级公路的底基层。

无机结合料稳定基层包括水泥稳定基层、石灰稳定土和石灰工业废渣稳定土三大类型，其中水泥稳定土基层适用于各级公路的基层和底基层，石灰稳定土基层适用于各级公路的底基层和二级及二级以下公路的基层，石灰工业废渣稳定土适用于各级公路的基层和底基层。

（2）基层施工技术

①粒料基层嵌锁型施工的方法有干法施工和湿法施工。干法施工的程序如下：

首先，用压路机初压，使粗碎石稳定就位。其次，将干细填料均匀地撒铺在已压稳的粗碎石上，松铺厚度2.5～3.0m；用振动压路机慢速碾压，将全部填料振入粗碎石间的孔隙中。再次，将干填细料撒铺在粗碎石层上，松铺厚度2.0～2.5m。最后，在碾压过程中，对局部填料不足之处进行人工找补。

当填隙碎石表面孔隙全部填满后，在表面先洒少量水，再进行碾压，则干法施工完成。

湿法施工和干法施工的不同之处在于粗石层表面的孔隙全部填满后，用洒水车洒水直至饱和再进行碾压，碾压完成后让水分蒸发一段时间，再将细料覆盖层扫除干净。级配型施工方法有路拌法施工和中心站集中拌和法施工。中心站集中拌和法施工是在中心站用多台机械进行集中拌和，拌和的机械有强制式拌和机、卧式双转轴浆液式拌和机、普通水泥混凝土拌和机。拌和的施工工序与路拌施工工序基本相同。

②无机结合料稳定基层施工备料有以下五点要求：

第一，土料在预定的深度范围内采集，不应分层采集。

第二，集料无机结合料使用的碎石、砂砾、各种粒状矿渣应满足规范要求的强度，与其他材料配合后应满足相应的规范级配要求。

第三，水泥路拌法宜采用袋装水泥，场拌法宜采用散装水泥。

第四，当石灰存放时间较长时，应覆盖封存。生石灰块在使用前应充分消除，消除后的石灰应保持一定的湿度，不得产生扬尘。

第五，运到现场的粉煤灰应含有足够的水分以防止扬尘。场拌法施工宜选用经过工厂处理的符合规范的散装粉煤灰，施工方法有路拌法和中心站集中拌和法。

2. 面层施工

(1) 沥青面层施工

沥青面层经常采用的沥青材料有石油沥青、煤沥青、液体石油沥青和沥青乳液等。其中，石油沥青一般用于各类沥青面层。面层中另一类重要的材料是沥青混合料，即由沥青、粗集料、细集料和矿粉以及外加剂组成的一种复合材料。工程上一般采用热拌沥青混合料作为面层材料，适用于各种等级公路的沥青面层。

(2) 水泥混凝土面层施工

水泥混凝土具有可浇性、经济、耐用、耐热能效高、能耗低、材料丰富等优点，但具有抗拉强度低、韧性差、体积不稳定等缺点。水泥混凝土路面包括普通混凝土、钢筋混凝土、连续配筋混凝土、预应力混凝土、装配式混凝土和钢纤维混凝土等面层板和基层组成的路面。水泥混凝土路面具有强度高、稳定性好、耐久性高、养护费用少、有利于夜间行车等优点。

水泥混凝土面层的铺筑技术方法有小型机具铺筑、滑模机械铺筑、轨道摊铺机铺筑和碾压混凝土铺筑等。

3. 垫层施工

路面的垫层介于基层和土层之间，用以调节和改善土基的水温状况，保证面层和基层具有必要的强度、稳定性、抗冻胀性能及基层的荷载能力，减少土层所产生的变形。

根据所选用的材料不同，垫层分为透水垫层和稳定性垫层。透水垫层由松散的颗粒材料组成，最常用的是砂垫层。在砂垫层的施工中，应注意砂垫层应该分层铺设，每层的厚度和密实度应该满足规范要求，当地基表层承载能力不同时，采用的摊铺顺序有所不同。稳定性垫层是由整体性材料组成的，常用的有水泥土、石灰土等。在石灰土垫层施工时，施工前首先要对下卧地基进行检验，对局部软弱土坑应挖除换填，其次要注意分层松铺厚度。

二、桥梁施工技术

（一）桥梁上部结构的施工

桥梁上部结构的形式是多种多样的，其施工方法种类也比较多，但除一些比较特殊的施工法外，大致可分为就地浇筑法和预制安装法两大类。

1. 就地浇筑法

就地浇筑法是在桥跨间搭设支架，在支架上安装模板，绑扎钢筋，现场浇筑混凝土，待混凝土达到一定强度后拆除模板、支架。就地浇筑法无须预制场地，而且不需要大型起吊、运输设备，梁体的主筋可不中断，桥梁整体性好。它的主要缺点是工期长，施工质量不容易控制；预应力混凝土梁由于混凝土的收缩、徐变引起的应力损失比较大；施工中的支架、模板耗用量大，施工费用高；搭设支架影响排洪、通航，施工期间可能受到洪水和漂流物的威胁。

（1）固定支架法

固定支架法是指在桥跨间安设支架，在支架上安装模板、绑扎钢筋、浇筑混凝土的施工方法。这种施工方法的特点是梁的整体性好，施工平稳、可靠，不需要大型起吊设备，施工中无体系转换问题，但需要大量的施工支架，并需要大量的施工场地。这种方法适用于陆地上钢筋混凝土和预应力混凝土中小跨径连续桥的施工。

（2）逐孔现浇法

逐孔现浇法是指在支架上逐孔现浇施工的方法。与固定支架的区别在于逐孔现浇施工仅在一孔或两孔之间设置支架，完成后将支架整体转移到下一孔继续施工。它的特点是支架和模板周转使用，所花费用较少，适用于中小跨径及结构构造简单的预应力混凝土桥的施工。

（3）悬臂浇筑法

悬臂浇筑法是指从桥墩开始，两侧对称进行现浇梁段。它的主要特点是桥梁在施工过程中产生负弯矩，桥墩也要承受由施工产生的弯矩，施工简便，结构整体性好，施工中可不断调整位置。常在架设跨径大于100m 的预应力混凝土 T 形刚构桥、变截面连续梁桥和斜拉桥时选用。

（4）顶推法

顶推法是指在沿桥纵轴方向的台后设置预制场地，分节段预制，并用纵向预应力筋将预制节段与施工完成的梁体连成整体，然后通过水平千斤顶施力，将梁体向前顶推出预制场地。之后继续在预制场地进行下一节段梁的预制，循环操作直至施工完成。

顶推施工法的特点是可以使用简单的设备建造大桥梁，施工费用低，施工平稳无噪声，主梁分段预制，连续作业，结构整体性好，宜在水深、山谷和高桥墩的桥梁施工中使用。

2. 预制安装法

预制安装法是在预制工厂或在运输方便的桥址附近设置预制场进行

梁的预制工作，然后采用一定的架设方法进行安装。预制安装法施工一般是指钢筋混凝土或预应力混凝土简支梁的预制安装，分预制、运输和安装三部分。

（1）自行式吊装法

采用一台或多台汽车吊、履带吊等机械进行梁跨的吊装，此法适用于中小跨径的简支梁的架设安装。

（2）跨墩龙门架

吊装以胶轮平板拖车、轨道平车或龙门架将预制梁运送到桥孔，然后用跨墩龙门架将梁吊起，再横移到梁的设计位置，然后落梁就位，直至完成架梁工作。此法适用于架设地点地形平坦且良好，桥墩不太高的桥梁。

（3）架桥机

在空跨内安装导梁，以此作为支撑梁来架设梁体。按形式不同可分为单导梁、双导梁、斜拉式和悬吊式等。

（4）浮运架梁法

将梁体用船载运至架设地点，利用两套卷扬机组合提升吊装到位。

（5）逐孔拼装法

在施工的孔跨内搭设落地式支架或采用悬吊式支架，将节段预制的梁按顺序吊放在支架上，然后在预应力孔道内穿入预应力筋，对梁施加预应力使其成为整体。

（6）悬臂拼装法

悬臂拼装法与悬臂浇筑法相似，从桥墩开始，将预制节段对称进行拼装。

3．转体施工法

转体施工法是将桥梁构件先在桥位处岸边（或路边及适当位置）进行预制，待混凝土达到设计强度后旋转构件就位的施工方法。转体施工的静力组合不变，它的支座位置就是施工时的旋转支撑和旋转轴，桥梁完工后，按设计要求改变支撑情况。转体施工法一般适用于各类单孔拱桥的施工，它的施工特点是结构合理、受力明确、节省施工用料、减少安装架设工序、施工速度快、造价低，以及不影响通航。转体施工可分为平转、竖转和平竖几何相结合的转体施工。

（二）桥墩、桥台的施工技术

桥梁墩台施工是桥梁工程施工的一个重要组成部分，其施工质量不仅关系到桥梁上部结构的制作与安装质量，而且与桥梁的使用功能也关系重大。因此，墩台的位置、尺寸和材料强度等都必须符合设计规范要求。在施工过程中，应准确地测定墩台位置，正确地进行模板制作与安装，同时采用经过规范检验的合格建筑材料，严格执行施工规范的规定，以确保施工质量。

桥梁墩台施工方法通常分为两大类：一类是现场就地浇筑与砌筑，另一类是拼装预制的混凝土砌块、钢筋混凝土或预应力混凝土构件。

多数工程采用现场就地浇筑与砌筑，优点是工序简便，机具较少，技术操作难度较小，但是施工期限较长，需耗费较多的人力与物力。近年来，交通建设迅速发展，施工机械（起重机械、混凝土泵送机械及运输机械）也随之有了很大进步，采用预制装配构件建造桥梁墩台的施工方法取得新的进展，其特点是既可确保施工质量、减轻工人劳动强度，又可加快工程进度、提高工程效益，对施工场地狭窄，尤其对缺少砂石地区或干旱缺水地区等建造墩台有着重要意义。

1. 混凝土墩台的就地浇筑

混凝土墩台的就地浇筑施工有两个主要工序：一是制作与安装墩台模板，二是混凝土浇筑。

（1）制作与安装墩台模板

模板的设计与施工应符合如下要求。

①具有必需的强度、刚度和稳定性，能承受施工过程中可能产生的各项荷载，保证结构物各部形状、尺寸准确。

②尽可能采用组合钢模板或大模板，以节约木材、提高模板的适应性和周转率。

③模板板面平整，接缝严密不漏浆。

④拆装容易，施工时操作方便，保证安全。

模板一般用木材、钢料或其他符合设计要求的材料制成。木模质量轻，便于加工成结构物所需要的尺寸和形状，但装拆时易损坏，重复使用少。对于大量或定型的混凝土结构物，则多采用钢模板。钢模板造价较高，但可重复多次使用，且拼装拆卸方便。

常用的模板类型如下：

①拼装式模板是利用销钉将各种尺寸的标准模板连接，并与拉杆、加劲构件等组成墩台所需形状的模板。

②整体吊装模板是将墩台模板水平分成若干段，每段模板组成一个整体，在地面拼装后吊装就位。分段高度可视起吊能力而定，一般可为2～4m。

③组合式钢模板是以各种长度、宽度及转角标准构件，用定型的连接件将钢模拼成结构用模板。

④滑动钢模板适用于各种类型的桥墩。

在工程中，各种模板可根据墩台高度、墩台型式、机具设备、施工期限等条件，因地制宜，合理选用。模板安装前应对其尺寸进行检查；安装时要坚实牢固，以免振捣混凝土时引起跑模漏浆，同时安装位置要符合结构设计要求。

（2）混凝土浇筑

混凝土浇筑前应检查混凝土的均匀性，按设计要求控制坍落度。混凝土应按一定的厚度、顺序和方向分层浇筑。应在下层混凝土初凝或重塑前浇筑完上层混凝土，分层应水平，分层厚度不宜超过30cm。

在每层混凝土浇筑过程中，随混凝土的灌入及时采用插入式振动棒振捣。振动棒振动移动间距不超过振动棒作用半径的1.5倍；振捣过程中，振动棒与模板间距保持5～10cm，并避免碰撞钢筋，不得直接或间接通过钢筋施加振动。振捣上层混凝土时，振动棒应插入下层混凝土出现的较大气泡内。对每个振动部位，必须振动到该部位混凝土密实为止。密实的标志是混凝土停止下沉、不再冒出气泡，表面平坦。

浇筑混凝土过程中，应设专人检查支架、模板、钢筋和预埋件，当发现有松动、变形、移位时，应及时处理。浇筑完毕后，要进行收浆，并及时向表面洒水养护（水质与拌和用水相同），洒水养护时间一般为7天。当承台与流动性地表水或地下水接触时，应采取防水措施，混凝土在浇筑后7天内不得受水的冲刷和侵蚀；混凝土强度达到设计强度的80％之前，不得使其承受各种外加荷载。

2. 装配式墩台

装配式墩台施工适用于山谷架桥、跨越平缓无漂流物的河沟、河滩等的桥梁，特别是在工地干扰多、施工场地狭窄、缺水与砂石供应困难的地区，效果更为显著。其优点是结构形式轻便，建桥速度快，圬工省，预制构件质量有保证等。

装配式墩有柱式墩、后张法预应力墩两种形式，其中装配式柱式墩将桥墩分解成若干轻型部件，在工厂或工地集中预制，再运送到现场装配成桥梁；后张法预应力墩分为基础、实体墩身和装配墩身三大部分。装配墩身由基本构件、隔板、顶板及顶帽四种不同形状的构件组成，用高强钢丝穿入预留的上下贯通的孔道内，张拉锚固而成。

第三节 道路、桥梁养护与维修

一、道路养护与维修

（一）道路养护概述

1. 公路养护的目的与基本任务

公路养护是保证汽车高速、安全、舒适行驶的不可或缺的经常性工作。

（1）公路养护的目的

公路养护的目的是保持公路及其设施的完好状态，及时修复损坏部分，保证行车安全、舒适、畅通，以提高运输的经济效益。

（2）公路养护的基本任务

公路养护的基本任务是采取正确的技术措施，提高养护工作质量，延长公路的使用年限，以节省资金；防治结合，治理公路的病害和隐患，逐步提高公路的抗灾能力，并对原有技术标准过低的路线和构造物及沿线设施进行分期改建和增建，逐步提高公路的使用质量和服务水平。

2. 公路养护的技术政策和措施

（1）技术政策

公路养护工作不只是一项技术性工作，也是一项政策性很强的工作。国家规定的公路养护政策主要有以下八条。

①公路养护工作必须贯彻“预防为主，防治结合”的方针，根据积累的技术经验资料和当地的具体情况，通过科学的分析和预先防范，消除导致公路损毁的因素，提高公路设施的耐久性和抗灾能力。

②因地制宜，就地取材，尽量选用当地天然材料和工业废渣；充分利用原有工程材料和原有工程设施，以降低养护成本。

③推广运用先进的养护技术和科学的管理方法，改善养护生产手段，提高养护技术水平。

④重视综合治理，保护生态平衡、路旁景观和文物古迹；防止环境污染；尽量少占农田。

⑤加强桥梁的检查、维修、加固和改善，逐步消灭危桥。

⑥养护工程设计应符合《公路工程技术标准》的规定：公路养护施工时应注重社会效益，保障公路畅通。

⑦加强以路面养护为中心的全面养护。

⑧大力推广和发展公路养护现代化。

（2）技术措施

①认真开展路况调查，分析公路技术状况，针对病害产生的原因和后果，采取先进、有效、经济的技术措施。

②加强养护工程的前期工作和各种材料试验及施工质量的检测和监理力度，确保工程质量。

③推广路面、桥梁管理系统，逐步建立公路数据库，实行病害监控，实现决策科学化，使有限的资金发挥最大的经济效益。

④推广公路标准化与美化工程，实施公路的科学养护与规范化管理，改变现有公路面貌，提高公路的整体服务水平。

⑤认真做好公路交通情况调查工作，积极开发和采用自动化观测及计算机处理技术，为公路规划、设计、养护、管理、科研等提供全面、准确、连续、可靠的交通情况信息资料。

⑥改革养护生产组织形式，管好、用好现有的养护机械设备，积极引进、改造、研制养护机械，逐步实现养护机械装备标准化、系列化，以保障养护工程质量，提高养护生产效率，降低劳动强度，改善劳动环境。

⑦加强对交通工程设施（主要有标志、标线、通信、监控等）、收费设施、服务管理设施等的设置、维护、更新工作，保障公路应有的服务水平。

3. 公路养护工程的分类

公路养护工程按照公路养护的工程性质、规模大小、技术难易程度可分为以下四类。

（1）小修保养工程

小修保养工程是指对公路及其一切工程设施进行预防性保养和修补其轻微损坏部分，使之保持完好的状态。保养是指对公路及其沿线设施的日常保护工作，使其减少自然损失。

（2）中修工程

中修工程是指对管养范围内的公路及其工程设施的一般性磨损和局部损坏进行定期的修理加固，以恢复原状的小型工程项目。

（3）大修工程

大修工程是指对管养范围内的公路及其工程设施的较大损坏进行周

期性综合修理，使其全面恢复到原设计标准或在原技术等级范围内进行局部改善和个别增建，逐步提高公路通行能力的工程项目。

（4）改善工程

改善工程是指因公路及其工程设施不适应交通量和载重需要，而分期逐段提高技术等级，或通过改善显著提高其通行能力的较大工程项目。

（二）路基的养护

路基是公路的重要组成部分，是路面的基础。它贯穿全线，连接桥梁、隧道。路基的强度和稳定性是保证路面强度与稳定性的基本条件，桥头引道路基对桥梁的使用及破损亦有直接的影响。因此，必须通过路基养护，使之达到基土密实，排水性能良好，各部分尺寸和坡度符合规定并及时消除不稳定因素的要求。

1. 路基养护的工作内容

路基养护应通过对公路各部分的日常巡视和定期检查，发现病害并及时查明原因，采取有效措施进行修复或加固，消除病害根源。其作业范围应包括下列内容。

（1）维修、加固路肩和边坡。

（2）疏通、改善排水设施。

（3）维护、修理各种防护构造物。

（4）清除塌方、积雪，处理塌陷，检查险情，防治水毁。

（5）观察和预防、处理翻浆、滑坡、泥石流等病害。

（6）有计划、有针对性地对局部路基进行加宽、加高，改善急弯、陡坡和视距不良地段，使之逐步达到要求的技术标准。

2. 路基养护的基本要求

为保证路基各部分完整，使路基发挥正常有效的作用，路基养护工作必须满足下列基本要求。

（1）保持路基土密实，排水性能良好，各部分尺寸和坡度符合规定并及时消除不稳定因素。

（2）路肩无车辙、坑洼、隆起、沉陷、缺口，横坡适度，边缘顺适，表面平整坚实、整洁，与路面接槎平顺。

（3）边坡稳定、坚固、平顺，无冲沟、松散，坡度符合规定。

（4）边沟、排水沟、截水沟、跌水井、泄水槽等排水设施无淤塞、高草，纵坡符合要求，排水畅通，进出口维护完好，保证路基、路面及边沟内不积水。

（5）挡土墙、护坡及防雪、防沙等设施保持完好无损坏，泄水孔无堵塞。

（6）做好翻浆、塌方、山体滑坡、泥石流等病害的预防、治理和抢修，尽力缩短阻车时间。

（7）为适应运输发展的需要，应对养护的路线逐步进行改善和加固，如改善路线的急弯和陡坡，添加挡土墙、护坡等结构物。

（三）路面的养护

路面养护是公路养护工作的中心环节，是质量考核的首要对象。路面养护从工程技术角度而言，一般是指为维持路面功能而进行的日常保养，如路面的清扫、洒水，轻微的路面修补、填补、接缝等。

路面维修是指日常养护难以完成的、较大的损坏，以恢复路面原有功能为目标的修理工程，如路面的翻修和罩面等。

路面补强是指恢复或进一步改善原有功能的路面加层补强的大修或改建工程。

1. 路面养护的目的

汽车在路面上行驶，除了克服各种阻力外，还会通过车轮把垂直力和水平力传给路面，水平力又分为纵向力和横向力两种。另外，路面还会受到车辆的振动力和冲击力作用，在车身后面产生真空吸力作用。在上述各种外力的综合作用下，路面结构层内会产生大小不同的压应力、拉应力和剪应力。如果这些应力超过了路面结构整体或某一组成部分的强度，路面就会出现断裂、沉陷、波浪、松散和磨损等破坏。因此，路面结构整体及其各部分必须通过养护来保持足够的强度，以抵抗在行车作用下所产生的各种应力。

在道路使用的过程中，路面还应有一定的抵抗变形的能力，即路面的刚度。如果路面结构整体或某一组成部分刚度不够，即使强度足够，在车轮荷载作用下也会产生过量的变形，造成车辙、沉陷或者波浪等破坏。所以必须采取预防性养护和经常性养护、修理措施，使路面保有一定的强度、刚度及稳定性，使路面结构具有足够的抗疲劳强度以及抗老化形变累积的能力，确保其耐久性，并使路面平整、完好，路拱适度，排水畅通，行车顺适、安全；还应对原有路面有计划地进行改善，提高其技术状况，以满足运输发展的需要。

2. 路面养护的要求

（1）及时、经常地对路面进行保养和修理，防止路面松散、裂缝和壅包等各种病害的产生及发展。

（2）通过对路面的保养和修理，保持和提高路面的平整度及抗滑能力，确保路面安全、舒适的行驶性能。

（3）通过对路面的修理和改善，保持及提高路面的强度，确保路面的耐久性。

（4）防止因路面损坏和养护操作污染沿线环境。

3. 路面养护工程的分类及其主要内容

（1）小修保养工程

①保养工程的主要内容包括清除路面上的泥土、杂物，保持路面整洁；排除路面上的积水、积雪、积冰、积沙，并进行处理；碎砾石路面扫匀面砂，添加面砂，洒水润湿，刮平波浪，修补磨耗层；处理黑色路面的泛油、壅包、裂缝、松散等病害；砂石路面刮平，修理车辙；水泥混凝土路面修理板边接缝及堵塞裂缝等。

②小修的主要内容包括局部处理砂土路的翻浆、变形，添加稳定料；碎砾石路面的局部加宽、修补坑槽、整段修理磨耗层或扫浆铺砂；沥青（渣油）路面修补坑槽、沉陷，处理波浪、啃边等病害；水泥混凝土路面面板的局部修理和调整平整度。

（2）路面中修工程

路面中修工程主要包括砂石路面大面积处理翻浆，修理横断面；碎砾石路面局部地段加厚、加宽，调整路拱，加铺磨耗层和保护层，处理严重病害；沥青（渣油）路面整段封层罩面；沥青（渣油）路面严重病害的处理；水泥混凝土路面个别面板的更换、浇筑或加铺沥青磨耗层。

（3）路面大修工程

路面大修工程主要包括整线整段用稳定材料改善土路；整段加宽、加厚或翻修重铺碎砾石路面，翻修或补强重铺，或加宽高级、次高级路面。

（4）路面改善工程

路面改善工程主要包括分段提高公路技术等级，铺筑高级、次高级路面，新铺碎砾石路面等。

二、桥梁的养护与维修

（一）桥面铺装及桥面养护维修

1. 沥青桥面维修

（1）沥青混凝土桥面的养护、病害处理和修补应按国家现行标准《城镇道路养护技术规范》（GJJ36－2016）要求进行。沥青路面加强经常性、预防性小修保养，对局部的、轻微的初始破损及时进行修理。

（2）桥面铺装可能出现的病害包括坑塘、壅包、龟裂、起砂、松散、车辙和纵、横向贯通裂缝等。发现铺装病害后应立即查明原因，及时修理，对于无法判明的铺装层病因可提出特殊检测的要求。

（3）对于黑色路面纵、横向裂缝，先清扫干净缝隙，并用压缩机吹去尘土，再用热沥青或乳化沥青灌缝撒料法去封堵。对大于 3mm 的桥面裂缝，应检查其发生原因。在确定无结构破坏和延续发展的条件下，可进行灌缝处理。

（4）对局部地段的麻面或松散，可清扫干净，铣刨后重新摊铺。

（5）在壅包范围内用直尺画出矩形（与中心线平行或垂直），用小型切割机切深4cm，再采用宽500mm铣刨机铣平。然后采用与原有结构层一样的沥青填补，并压实。

(6) 测定破坏部分的范围和深度，用直尺画出矩形（与中心线平行或垂直），再凿到稳定部分，深度不小于3cm，坑壁要垂直。清除坑底后，在干净的坑底、坑壁薄撒一层黏结沥青，视坑塘深度和原路面结构层次填补混合料或沥青混凝土，填补后压实。坑塘的修补要求做到圆洞方补、浅洞深补、湿洞干补。例如，路面基层损坏，应针对损坏原因，先处理基层病害，再修复面层。

(7) 大桥是城市交通的主动脉，也是城市景观，因此对其坑塘的修补必须及时。应准备质量较好的进口或国产的冷补沥青混凝土，确保当天发现当天修补。

(8) 要确保材料质量，冷补料要有黏性不松散，热拌混合料外观应拌和均匀，色泽一致，无明显油团、花白或烧枯，现场温度不得低于11℃。

(9) 压路机碾压顺序是从两边到路中，缓慢、匀速进行，时速不得大于5km。不得在碾压层上掉头、转向或突然刹车，大型压路机严禁振动碾压。

(10) 碾压成型的沥青混凝土面层在冷却到常温后方可开放交通，遇到紧急情况如需提前开放，则应采取相关的技术措施。

(11) 对钢纤维混凝土铺装层维修应凿除碎裂部位，清理残留物，用空压机吹干净，适当湿润。

2. 排水设施的养护维修

(1) 大桥进水口都要进行清捞，保持进水口干净。进水口按每月三次频率清捞。对损坏、缺损的大桥进水口须及时进行更换维修，应采用与原设施性质相同的材料，进水口抹面要光洁。

(2) 立管应每两个月疏通一次。立管修复时要擦净管口，涂刷胶水均匀，管道接好，要保证不渗水。管道安装抱箍要水平安放，螺栓要牢固。

（3）立管集水斗要定期清捞，每季度一次，汛期中要加大清捞频率。

（4）桥面泄水孔应完好、畅通、有效。

（5）发现泄水管损坏应及时修补，损坏严重的应及时更换。

3．伸缩缝的养护维修

（1）伸缩装置应每月保养一次，及时清除缝内的垃圾和杂物，使其平整、顺直、收缩自如、整洁，处于良好的工作状态。

（2）橡胶止水带损坏后应及时更换（满足原设计的规格和性能要求）。

（3）梳形板伸缩缝应经常检查紧固螺栓，防止梳齿板转动上翘，发现梳齿出现裂缝后及时焊接修补。

（4）发现伸缩缝钢构件锈蚀时，通过喷防锈漆予以处理，并使用油脂或润滑剂涂抹表面。

（5）伸缩缝出现损坏而无法修复时，宜选用原型号伸缩缝产品进行整体更换。

（6）伸缩缝的预埋部分与混凝土结合完好，上部各部位有局部损坏的，要更换相应的上部构件。

（7）伸缩缝预埋部分损坏与混凝土结合已脱离，凿除部分损坏的混凝土结合部位，重新焊接预埋件，再将预埋件与伸缩缝的主体钢与预埋件焊接，浇筑 C40 钢纤维混凝土，必要时更换损坏的伸缩缝装置。

（8）当伸缩缝整体损坏，边缘混凝土碎裂时，则采用整体更换的方法维修。

（9）采用环氧砂浆预埋钢筋或种植钢筋、打膨胀螺栓。若旧桥面铺装层较薄，可将桥面凿开从而将锚筋直接焊接在桥面钢筋上，安装新伸缩缝构件，涂界面剂，灌注钢筋混凝土。

4．附属设施养护维修

由于车辆不可避免地会对大桥附属设施造成轻微损坏，虽然不影响交通，但有碍观瞻，影响设施的面貌，故对附属设施的损坏也须做到及时维修。

(1) 大桥的中心隔离栏、防撞护栏、人行道栏杆不得有断裂、松动、错位、缺件、剥落、锈蚀等损坏现象。

(2) 经常检查栏杆的预埋钢板有无松动，连接螺栓有无丢失、锈蚀。

(3) 桥面护栏应保持完好顺直，无油漆剥落、根部松动、开裂、变形。

(4) 人行道护栏每日擦洗一次，中心隔离栏每10日擦洗一次。

(5) 对损坏的栏杆先进行切除，修复栏杆要注意水平度和垂直度，控制好线性的顺直。焊接要进行满焊，并进行油漆，如焊接底板松动应先处理底板。

(6) 隔离栏杆上部结构为钢制栏杆，下部为水泥混凝土墩，固定中心隔离栏杆发生小部分损坏时应及时进行修理，在立模板并用界面剂对破损面进行界面处理后，才可用混凝土进行修复。

(7) 配电箱盖板发现掉落要及时复位，发生部分锈蚀时进行敲铲油漆，发生严重锈蚀时进行更换。

(8) 桥面上人行道铺装、盲道和缘石应完好、平整。当有缺损时，应及时维修或更换。

5. 桥面防水层的养护维修

桥面卷材防水层的修补应符合这些规定：损坏的防水层，应及时进行修补，防水层维修应按施工要求进行。修补后的防水层，其防水性能、整体强度、与下层粘接强度和耐久性等指标应满足原设计要求。

防水混凝土结构层的维修应符合下列规定：

(1) 当防水混凝土表皮脱落或轻微粉化而整体强度未受影响，且防水混凝土层与下层连接牢固时，应彻底清除脱落表皮和粉化物。

(2) 当防水混凝土受到侵蚀，表皮严重粉化且强度降低或防水混凝土层与下层已脱离连接时，应完全清除该层结构重新进行浇筑。

(3) 清理表皮脱落层时，应清理至具有强度的表面完全露出。

(4) 清除损坏的结构层时，应切割出清理边界，再进行清除作业。

清除应彻底，不得留隐患，应避免扰动其他完好部分。

（5）钢筋网结构的防水混凝土层清除作业时，应确保原钢筋结构的完整。

（6）在浇筑新混凝土前，作业面（包括边缘）应清洁、粗糙。

（7）选用的防水混凝土抗渗等级应高于P6，且不得低于原设计指标要求。在使用除雪剂的北方地区和酸雨多发地区，防水混凝土的耐腐蚀系数不应小于0.8。严禁使用普通配比混凝土替代防水混凝土。

（二）上部结构养护维修

1. 梁底板混凝土碳化及钢筋锈蚀维修

（1）凿除损坏混凝土

凿除因锈蚀而损坏的混凝土，使钢筋全部露出；当混凝土易于清除时，钢筋周围2.5mm左右的混凝土可保留到下一步骤清除。

（2）除锈

①手工除锈。先用刮刀、手锤、钢刷等工具铲敲、刷来除去浮锈、尘土，然后再用钢丝刷、砂布、砂轮等刷、磨来除去锈蚀并打磨光。

②机械处理除锈。用风动刷、除锈枪或电动刷除锈，除锈后即对钢筋进行防锈处理。

（3）提高新老混凝土之间的黏结力，用丙酮清洗混凝土表面、钢筋，在处理表面上均匀涂上胶黏剂（或称界面剂）。

（4）浇筑新的混凝土可采用普通混凝土、环氧混凝土或聚合物混凝土。

（5）为防止混凝土表面产生中性化（碳化）而继续受损，应对新浇混凝土进行表面处理，如涂上防水剂或涂料。

2. 钢结构养护

（1）钢结构养护要求如下：

①钢结构梁的刚度、强度和稳定性应符合设计要求。运营中根据钢结构形式，应加强对各部分连接节点及杆件、铆钉、销栓、焊缝的检查、养护。对承载能力或刚度低于限值、结构不良的钢结构，应进行维

修或加固。

②钢结构外观应保持清洁，冬季应及时除冰雪。泄水孔应畅通，桥面铺装应无坑洼积水现象，渗漏部分应及时修好。当桥面积水时，应设置直径不小于50mm的泄水孔，钻孔前应对杆件强度进行验算。

③钢结构应每年进行一次养护，每年做一次检测。检测时如果发现节点上的铆钉和螺栓松动或损坏脱落、焊缝开裂，应采用油漆标记并做记录。在同一个节点，缺少、损坏、松动和歪斜的铆钉超过1/10时，应进行调换。当焊接节点有脱缝、焊缝处有裂纹时，应及时修补。对有裂纹及表面脱落的构件，应仔细观察其发展，做出明显的标记，注明日期，以备观察，必要时应补焊或更换。

④钢梁杆件伤损容许限度超过规定时，应及时进行整修、加固或更换。

⑤不良铆钉的容许限度超过规定时，应对不良铆钉进行更换，其他不良铆钉宜根据不良程度进行更换。

（2）钢梁有下列状态之一时，应及时维修。

①桁腹杆铆接接头处裂缝长度超过50mm。

②下承式横梁与纵梁连接处下端裂缝长度超过50mm。

③受拉翼缘焊接一端裂缝长度超过20mm。

④主梁、纵横梁受拉翼缘边裂缝长度超过5mm，焊缝处裂缝长度超过10mm。

⑤纵梁上翼缘角钢裂缝。

⑥主桁节点和板拼接接头铆栓失效率大于10%。

⑦主桁构件、板梁结合铆钉松动连续5个及以上。

⑧纵横梁连接铆钉松动。

⑨纵梁受压翼缘、上承板梁主梁上翼缘板件断面削弱大于20%。

⑩箱梁焊缝开裂长度超过20mm。

（3）新换钢梁或加固杆件的组拼应符合下列规定。

①组拼板件应采用螺栓均匀拧紧，板件密贴，边缘用0.3mm插片

深入长度不得大于 20mm。

②组拼杆件应在无活载情况下进行，并不应在少于 1/3 的孔眼安装螺栓及冲钉，其中 2/3 为冲钉，1/3 为螺栓。

③无活载情况下铆合时，应每隔 2 个钉孔装一个螺栓，螺栓间距不得超过 400mm，必要时应每隔 1 个钉孔装一个螺栓，每组孔眼应打入 10％的冲钉。

④栓接梁使用的高强螺栓、螺母及垫圈应符合现行国家标准《钢结构用高强度大六角头螺栓》（GB/T1228－2006）的规定，并应附有出厂合格证。

⑤在有活载情况下更换铆钉时，应拆除一个铆钉，同时上紧一个螺栓，必要时可使用不超过 30％的冲钉。严禁使用锛斧和大锤铲除钉头。在为对结构承载力至关重要的构件更换铆钉时，应禁止车辆通行。

（4）高强螺栓的更换应符合下列规定。

①高强螺栓的施工预拉力应符合设计要求，欠拧值或超拧值均不应超过规定值的 10％，各种型号的高强螺栓的设计预拉力值应符合规定。

②高强螺栓的初拧值应根据试验确定，宜取终拧值的 40％～70％，终拧方法可采用扭矩法或转角法。

③大型节点同时更换的数量不得超过该节点螺栓总数的 10％，对螺栓少的节点应逐个更换。在一个连接处（或节点）少量更换的螺栓、螺母及垫圈的材质、规格、强度等级应与原桥上使用的相同，不得混用。

④高强螺栓拧紧后，节点板四周的缝隙应采用腻缝封闭。高强螺栓、螺母及垫圈的外露部分均应涂装防锈。

（5）对栓接梁、全焊梁，当在焊缝及附近钢材上发现裂缝时，可根据裂缝的位置、性质、大小及数量，采取下列相应措施。

①在裂缝的尖端钻圆孔，孔径宜与钢板厚度相等，且不得超过 32mm。

②高强螺栓连接加固，加固前裂缝尖端处应钻孔。

③抽换杆件或换梁。

（6）钢梁涂装养护。

①针对不同钢结构项目，尽量使用与原有材质相同的油漆涂料进行养护。

②用风动打磨机对钢梁表面进行除锈处理。

③钢材表面应无可见的油脂和污垢，没有附着不牢的氧化皮，底材显露部分的表面应具有金属光泽。

④清洁，去除油污。

⑤除锈后钢梁表面应清洁、干燥，雨后受潮要重新进行干燥处理。

⑥手工除锈如有无法铲除的部分，可采用高效脱漆剂，使其老化或比较硬的漆膜发生软化，再予以清除，保证达到部颁标准。

3．支座养护维修

（1）桥梁支座应定期检查和保养，并应符合下列规定。

①球形支座滚动面不平整，轴承有裂纹、切口以及个别辊轴大小不合适时，必须予以更换。

②支点承压不均匀时，应进行调整。调整时可用千斤顶把梁上部顶起，然后移动调整支座的位置（此项工作报业主专项审批）。

③支座板翘起、扭曲、断裂时应更换或补充，焊缝开裂应维修加固。

④如要抬高支座可采用捣筑砂浆垫层、加入钢板垫层或预制钢筋混凝土块的办法。

⑤支座各部分应保持完整、清洁、有效，应每年检查养护一次，冬季应及时清除积雪和冰块，梁跨活动应自由。

⑥滚动支座滚动面上每年应涂一层润滑油。在涂油之前，应先清洁滚动面。

⑦支座各部分除钢辊和滚动面外，其余金属部分应定期保养，不得锈蚀。

⑧固定支座每两年应检查锚栓牢固程度，支承垫板应平整紧密，及

时拧紧接合螺栓。

⑨板式橡胶支座恒载产生的剪切位移应在设计范围内；支座不得产生超过设计要求的压缩变形；支座橡胶保护层不应开裂、变硬、老化，支座各层加劲钢板之间的橡胶应均匀和正常；支承垫石顶面不应开裂、积水；进行清洁和修补工作时，应防止橡胶支座与油脂接触。

⑩滚动盆式橡胶支座，固定螺栓不得有剪断损坏，应及时拧紧松动的螺母。

（2）支座有缺陷故障时，应及时维修或更换，并应符合下列规定。

①滚动面不平整，轴承有裂纹、切口或个别辊轴大小不合适时，应更换。板式橡胶支座损坏、失效应及时更换。

②梁支点承压不均匀，应进行调整。

③支座座板翘曲、断裂，应予更换和补充，焊缝开裂应予维修。

④对需抬高的支座，可根据抬高量的大小选用下列两种方法。

第一种，抬高量在50mm以内可垫入钢板；抬高量在50～300mm时垫入铸钢板。

第二种，就地灌注高强钢筋混凝土垫块，厚度不应小于200mm。

⑤滑移的支座应及时恢复原位；脱空支座应及时维修。

⑥辊轴支座的实际纵向位移，应与计算的正常位移相符。当纵向位移大于容许偏差或有横向位移时，应加以修正；当辊轴出现不允许的爬动、歪斜或摇轴倾斜时，应校正支座的位置。

⑦小跨径（板）桥油毡支座的油毡垫层损坏、掉落、老化，应予以更换。

⑧弧形钢板支座和摆柱式支座中的钢板不得生锈，钢筋混凝土摆柱不得脱皮露筋，固定锚销不得切断，滑动钢板不得位移，摆柱不得倾斜。对损伤和超过允许位移的支座钢板，应及时修理更换。

⑨球形支座应每年清除尘土，更换润滑油一次。支座地脚螺母不得剪断，橡胶密封圈不得龟裂、老化。支座相对位移应均匀，并记录位移量；支座高度变化不应超过3mm；应每两年对支座钢件（除不锈钢滑

动面外）进行油漆防锈处理。

（三）下部结构的养护维修

当墩、台、柱由于混凝土温度收缩，施工质量不良及基础不均匀沉降等原因产生裂缝时，应视裂缝大小及损坏原因采取不同措施进行维修。

（1）裂缝宽小于规定限值时，可凿槽并采用喷浆封闭裂缝方法。

（2）裂缝宽大于规定限值时，可采用压力灌浆法灌注水泥砂浆、环氧砂浆等灌浆材料修补方法。

（3）支座失灵造成墩台拉裂时，应修复或更换支座。

（4）台身出现纵向贯通裂缝时，可用钢筋混凝土围带或粘贴钢板进行加固。如因基础不均匀下沉引起自下而上的裂缝，则应先加固基础，再采用灌缝或加筋方法进行维修。

（5）当混凝土表面发生侵蚀剥落、蜂窝麻面等病害时，应及时将周围凿毛洗净后做表面防护。

（6）当混凝土表面部分严重风化和破坏时，应及时清除损坏部分并用与原结构相同材料补砌，应结合牢固，色泽和质地宜与原砌体一致。

（7）当表面风化剥落深度在 30mm 及以内时，应采用 M10 以上的水泥砂浆修补；当剥落深度超过 30mm，且损坏面积较大时，应增设钢筋网浇筑混凝土层，浇筑混凝土前应清除松浮部分，用水冲洗，并采用铆钉连接。

（8）墩台出现变形应查明原因，采取针对性措施进行加固。

（9）当墩台裂缝超过规范表限值时，应查明原因，采取下列措施进行加固。

①裂缝宽度小于规定限位时，应进行封闭处理。

②裂缝宽度大于规定限值且小于 0.5mm 时，应灌浆；大于 0.5mm 的裂缝应修补。

③当石砌圬工出现通缝和错缝时，应拆除部分石料，重新砌筑。

④当活动支座失灵造成墩台拉裂时，应修复或更换支座，并维修

裂缝。

⑤基础不均匀沉降产生的自下而上的裂缝，应先加固基础，并应根据裂缝发展程度确定加固方法。

（10）桥台发生水平位移和倾斜，超过设计允许变形时，应分析原因，确定加固方案。

（11）桩或墩台的结构强度不足或桩柱有被碰撞折断等损坏时，应查明原因，进行加固处理。

（12）桥台锥坡及八字翼墙在洪水冲击或填土沉落的作用下容易产生变形和勾缝脱落，修复时应夯实填土，常水位以下应采用浆砌片（块）石，并勾缝。

（四）其他维修

1. 人行道破损养护

经常清除人行道范围内的杂物；对沉降不均造成的局部裂缝，及时用水泥砂浆勾缝，损坏的部件及时更换；人行道由于不均匀沉降，造成的不平整，应及时进行维修。

2. 隔离栏养护

定期对隔离栏进行检查，确保基础稳定、隔离栏无损坏或锈蚀，及时补缺及更新，确保隔离栏完整和美观，每年进行一次油漆养护。

（五）养护技术措施

1. 质量保证措施

（1）沥青路面修补

路面做到圆洞方补、浅洞深补、湿洞干补。凿边要求四周修凿垂直不斜，基底保持干燥，筑厚度差在±5mm内，表面粗细均匀，无毛细裂缝，碾压紧密，无明显轮迹。平整度控制为：人工摊铺高低差不大于5mm，机械摊铺高低差不大于2mm。路框差控制为：井框周围无沉陷，与路面高低差不得大于5mm，横坡与原路面横坡一致，不得有积水。

（2）伸缩缝

伸缩缝外形整齐，平整顺适，牢固完整，无破损，无漏水，行车无颠簸，伸缩变形应稳定，缝内无垃圾。

（3）混凝土结构

提高新老混凝土之间的黏结力，用丙酮清洗混凝土表面和钢筋，在处理表面上均匀涂上胶黏剂。为防止混凝土表面中性化，应对新浇混凝土进行表面处理，并涂上防水剂。

（4）钢结构

①全敲铲表面处理按全出白要求除锈达到 St3 级以上；部分敲铲表面处理按要求除锈达到 St2 级以上。

②涂刷底漆表干 2h，实干 24h，每道底漆涂刷最短间隔时间需保持 24h 左右；涂刷两遍面漆，最短间隔时间控制在 12h 左右，油漆表面无流挂、无针孔、光滑。

（5）支座

定期对支座钢件进行油漆防锈，定期清除支座附近的杂物和灰尘，对智能型支座应观测、记录其滑移量，并判断其运行是否正常。

（6）排水设施

①高架快速路排水口要进行清捞，保持排水口干净；对损坏、缺损的地方及时进行更换维修，采用与原设施性质相同的材料，抹面要光洁、平整。

②立管修复时要擦净连接管口，涂刷胶水均匀，管道接好，要检查保证不渗水；管道安装抱箍要安放水平，螺栓要牢固。

2. 进度保证措施

养护进度的保证措施主要是计划、控制和协调。应根据公司的总目标编制“总体养护管理进度计划表”，并根据动态控制原理对养护进度实施全面管理。

（1）建立进度控制的组织系统

建立长效管理小组，负责落实各层次的进度控制人员（以现场施工员及班组长为主），落实具体任务和工作责任，并编制以全年计划为基础的日、周、月、季度的作业计划，明确每天的工作内容，检查、解决执行计划中存在的问题，确保当天计划当天完成。养护施工中严格按照计划进行作业，如出现不符的情况，应及时分析原因，提出补救措施。

（2）加强各班组施工之间的协调工作养护

施工前应按总体计划做出详细的周或月作业计划，施工组统一管理，按照作业计划进行检查，若与计划进度偏离，应及时进行调整，做好各部门之间的协调工作。

坚持养护工作月会制度。公司每月召开一次会议，检查落实养护实际进度情况，分析和预测可能影响进度的因素，制定预防措施。排查机械、材料或外部条件干扰养护进度的因素，并及时在会议上提出，共同寻找解决办法。各班组坚持组织召开每日下班前的碰头会及上岗前的安全会议，检查当日完成的工作量，并将存在的问题及时报告长效管理小组，把养护总体进度计划层层落实到班组和个人。

（3）加强安全和技术交底工作

经常对职工进行安全和质量方面的教育，不断增强职工质量意识和工作责任心，确保各养护工序的施工质量一次验评合格，避免返工，并将安全隐患消灭在萌芽状态，这些是保证养护按计划实施的主要措施之一。同时加强对机械设备的维修保养，提高机械的完好率与利用率。

（4）努力协调好各方面的关系

主动与上级监管单位、交警部门等加强联系，争取各方支持，创造一个良好的养护施工环境，排除可能对施工进度造成影响的不利因素。

（5）科学合理地组织平面流水养护施工交叉作业

根据各班组各工种的具体作业计划，配置必要的设备，供给充足的材料，合理安排劳动力，进行流水作业和交叉作业，避免因机械、材料和劳动力不足而影响养护进度。

（6）完善施工工艺

在养护施工过程中不断完善施工工艺、合理组织施工、提高效率，令施工有节奏、均衡地进行，以加快施工进度，同时在实际操作中不断积累经验。

（7）坚持多点施工，平行作业

根据养护需要，可采取二班或三班同时养护施工，每班安排施工员对现场进行指挥与协调。

（8）认真做好月报工作

每月将完成的养护工作量和养护进度呈报监管单位，以便根据养护进度的实际情况进行分析和控制，使得养护进度的全过程始终处于循环、动态的控制中。

要保证养护进度还应落实岗位责任制，建立激励制度，开展劳动竞赛，关心职工生活，搞好后勤服务，调动工作人员积极性，从而提高劳动生产率。

第三章　市政给水排水管道工程实践

城市建设与人们的生产生活息息相关，其中，城市建设的市政给排水工程则是重中之重，市政给排水工程的质量会对城市化进程产生直接的影响。由于给水排水系统中应用的管材种类较多，管材加工及连接方式等较多，本章主要对给水排水管道工程常用施工工具、管道加工、管道连接、管道支吊架的安装等方面进行介绍，为给水排水管道工程实训及相关技能培养提供指导。

第一节　管道工程常用施工工具

一、管钳

管钳是铁质管道、管件连接时，用来紧固或松动的工具，其主要有张开式和链条式两种。

（一）张开式管钳

张开式管钳主要用于扳动金属管子或其他圆形工件，是管路安装和修理工作中常用的工具。其主要由钳柄和活动钳口组成，用螺母调节钳口大小，钳口上有轮齿以便咬牢管子转动。

（二）链条式管钳

链条式管钳包含钳柄和一端与钳柄铰接的链条。钳柄的前端设有与链条啮合的牙，链条通过连接板与钳柄铰接，即连接板的一端与链条的一端铰接，连接板的另一端与钳柄铰接。

钳柄前端的牙呈圆弧分布。链条式管钳在工作时，链条的非铰接端是自由的，不与钳柄固定或铰接。管件的夹持、旋转是由管件和缠绕的链条之间产生摩擦力来实现的，而扭力是由钳柄前端的局部牙轮与链条的啮合力产生的，钳柄在管件表面没有施力作用点。

管钳使用注意事项：要选择合适的规格；钳头开口要等于工件的直径；钳头要卡紧工件后再用力扳，防止打滑伤人；用加力杆时长度要适当，不能用力过猛或超过管钳允许强度；管钳牙和调节环要保持清洁。

二、手锯、割管器

（一）手锯

手锯是手工锯割的主要工具，由锯条和锯弓组成，可用于锯割零件的多余部分，锯断机械强度较大的金属板、金属棍或塑料板等，其主要有固定式手锯和可调式手锯两种。

锯弓用来安装并张紧锯条，由钢质材料制成；锯条也由钢质材料制成，并经过热处理变硬。锯条的长度以两端安装孔的中心距离来表示。

手锯操作方法：

第一，锯条的张紧程度要适当。过紧容易在使用中崩断；过松容易在使用中扭曲、摆动，使锯缝歪斜，也容易折断锯条。

第二，握锯一般以右手为主，握住锯柄，加压力并向前推锯；以左手为辅，扶正锯弓。根据加工材料的状态（如板料、管材或圆棒），可以做直线式或上下摆动式的往复运动。

第三，向前推锯时应均匀用力，向后拉锯时双手自然放松。

第四，快要锯断时，应注意轻轻用力。

（二）割管器

割管器由滚刀、刀架与手把组成。

三、扳手

（一）活动扳手

活动扳手主要用于拆装、维修管子、加工工件等方面，活动扳手的开口可以调节，在规定最大口径尺寸范围内，可以旋转各种不同大小的螺帽，具有使用范围较广的特点。

（二）呆扳手

呆扳手主要用于紧固或拆卸固定规格螺钉、螺母。其规格以两端开口宽度而定。

（三）内六角扳手

内六角扳手主要用于紧固或拆卸内六角螺钉。使用时，先将短六角头放入内六角孔内，左手下按，右手旋转扳手带动六角螺钉紧固或拆卸。其规格以内六角孔对边尺寸和扳手的长短而定。

第二节　管道加工

一、管道附属构筑物

为保证给水排水管道的正常运行，往往需设置具有操作及检查等用途的井室，设置保证管道运行的进出水口，设置稳定管道及管道附件的支墩和锚固结构。这些附属构筑物常常采用砖、石等砌体砌筑结构建造，部分采用混凝土或钢筋混凝土结构建造。

采用砖、石砌筑结构时，所用普通黏土砖的强度等级不应低于MU7.5；石材应采用质地坚实、无风化和裂纹的料石或块石，其强度等级不应低于MU20；水泥砂浆的强度等级不应低于M7.5，其他砌筑材料也应符合设计要求；采用混凝土或钢筋混凝土结构时，混凝土强度等级及钢筋的配置应符合设计规定，混凝土强度等级一般不宜小于C20。

（一）井室

井室的井底基础应与管道基础同时浇筑，两者基础浇筑条件应一致，既减少接缝，又避免了因接槎不好而产生裂缝或引起不均匀沉降。

1. 管道穿过井壁施工

管道穿过井壁的施工应符合设计要求。设计无要求时应符合下列规定。

（1）混凝土类管道、金属类无压管道的管外壁与砌筑井壁洞圈之间为刚性连接时，水泥砂浆应坐浆饱满、密实。

（2）金属类压力管道、井壁洞圈应预设套管，管道外壁与套管的间隙应四周均匀一致，其间隙宜采用柔性或半柔性材料填嵌密实。

（3）化学建材管道宜采取中介层法与井壁洞圈连接。

（4）对于现浇混凝土结构井室，井壁洞圈应振捣密实。

（5）排水管道接入检查井时，管口外缘与井内壁平齐；接入管径大于 300mm 时，对于砌筑结构井室应砌砖圈加固。

砌筑井室时，先用水冲净、湿润基础，然后铺浆砌筑。砌筑砂浆配合比符合设计要求，现场拌制应拌和均匀，随用随拌。如果采用砌块砌筑，则必须做到满铺满挤、上下搭砌，砌块之间的灰缝应保持 10mm；对于曲线井室的竖向灰缝，其内侧灰缝不应小于 5mm，外侧灰缝不应大于 13mm；砌筑时不得有竖向通缝，且转角接槎应可靠、平整，阴阳角清晰；需收口砌筑时，应按设计要求的位置设置钢筋混凝土梁进行收口；圆井采用砌块逐层砌筑收口，四面收口时每层收进不应大于 30mm，偏心收口时每层收进不应大于 50mm；砌块砌筑时，铺浆应饱满，灰浆与砌块四周黏结紧密，不得漏浆，上下砌块应错缝砌筑；砌筑时应同时安装踏步，踏步安装后在砌筑砂浆未达到规定抗压强度前不得踩踏。

排水管检查井内的流槽，宜与井壁同时砌筑。当采用砖石砌筑时，表面应用砂浆分层压实抹光，流槽应与上下游管道底部接顺，以减少摩擦阻力，这样有利于水流畅通。

井室砌筑或安装至规定高程后，应及时砌筑或安装井圈。井圈应以水泥砂浆坐浆并安装平稳。如井盖的井座及井圈采用预制构件时，坐浆应饱满；采用钢筋混凝土现浇制作时，应加强养护，不得受到损伤。

给水管道的井室安装闸阀时，井底距承口或法兰盘的下缘不得小于 100mm。井壁与承口或法兰盘外缘的距离，当管径小于或等于 400mm 时，不应小于 250mm；当管径大于或等于 500mm 时，不应小于 350mm。

其承口或法兰外缘与井壁、井底均需保持一定距离，才能提供安装、拆卸、换零件的操作空间。

管子穿越井室壁或井底时，应留有30～50mm的环缝，用油麻—水泥砂浆，油麻—石棉水泥或黏土填塞并捣实。阀门等给水附件下应设置混凝土支墩，保证附件不被损坏。

2. 预制装配式结构井室施工

(1) 预制构件及其配件经检验符合设计和安装要求。

(2) 预制构件装配位置和尺寸正确，安装牢固。

(3) 采用水泥砂浆接缝时，企口坐浆与竖缝灌浆应饱满，装配后的接缝砂浆凝结硬化期间应加强养护，并不得受外力碰撞或振动。

(4) 设有橡胶密封圈时，橡胶圈应安装稳固，止水严密可靠。

(5) 设有预留短管的预制构件，其与管道的连接应按规范的有关规定执行。

(6) 底板与井室、井室与盖板之间的拼缝，水泥砂浆应填塞严密，抹角光滑平整。

3. 现浇钢筋混凝土结构井室施工

(1) 浇筑前，钢筋、模板工程经检验合格，混凝土配合比满足设计要求。

(2) 振捣密实、无漏振、走模、漏浆等现象。

(3) 及时进行养护，强度等级未达设计要求不得受力。

(4) 浇筑时应同时安装踏步，踏步安装后在混凝土未达到规定抗压强度前不得踩踏。有支连管接入的井室，应在井室施工的同时安装预留支、连管，预留管的管径、方向、高程应符合设计要求，管与井壁衔接处应严密；排水检查井的预留管管口宜采用低强度砂浆砌筑封口抹平。

4. 井室内部处理

(1) 预留孔、预埋件应符合设计和管道施工工艺要求。

(2) 排水检查井的流槽表面应平顺、圆滑、光洁，并与上下游管道底部接顺。

(3) 透气井及排水落水井、跌水井的工艺尺寸应按设计要求进行施工。

(4) 阀门井的井底距承口或法兰盘下缘以及井壁与承口或法兰盘外缘应留有安装作业空间，其尺寸应符合设计要求。

(5) 不开槽施工的管道，工作井作为管道井室使用时，其洞口处理及井内布置应符合设计要求。

给排水井盖选用的型号、材质应符合设计要求，设计未要求时，宜采用复合材料井盖，行业标志明显；道路上的井室必须使用重型井盖，装配稳固。

(二) 雨水口

雨水口的位置及深度应符合设计要求，不得外扭。雨水口支管的管口应与井墙平齐；与检查井的连管应直顺、无错口，坡度应符合设计规定。雨水口底座及连管应设在坚实土质上。连管埋设深度较小时，应对埋管进行负荷校核，超过破坏荷载时，对连管应采取必要的加固措施。

1. 基础施工

(1) 开挖雨水口槽及雨水管支管槽，每侧应留出 300～500mm 的施工宽度。

(2) 槽底应夯实并及时浇筑混凝土基础。

(3) 采用预制雨水口时，基础顶面应铺设 20～30mm 厚的沙垫层。

位于道路下的雨水口，雨水支、连管应根据设计要求浇筑混凝土基础。坐落于道路基层内的雨水支连管应做 C25 级混凝土全包封，且包封混凝土达到 75%设计强度前，不得放行交通。井框、井箅应完整无损、安装平稳、牢固。

2. 砌筑施工

(1) 管端面在雨水口内的露出长度，不得大于 20mm，管端面应完整无破损。

(2) 砌筑时，灰浆应饱满，随砌、随勾缝，抹面应压实。

(3) 雨水口底部应用水泥砂浆抹出雨水口泛水坡。

(4) 砌筑完成后雨水口内应保持清洁，及时加盖，保证安全。

3. 冬、雨期施工

雨期施工时，为防止杂物或泥水进入管道，井身应一次性砌起。当施工段较长不能及时还土时，可在检查井的井室侧墙底部预留进水孔，以防降雨量较大时，雨水进槽产生漂管事故。遇此紧急情况，可将预留孔打开使入槽之水由此进入管道，与水的浮力相平衡，防止发生漂管、折管事故。冬期砌筑检查井应采取防寒措施，并应在两管端加设风挡。

(三) 进出水口构筑物

管道进出水口一般分为一字式翼墙和八字式翼墙两种。一字式翼墙用于与渠道顺连；八字式翼墙用于与渠道成 90°～135°夹角的交错相接。

1. 基础施工

进出水口构筑物宜在枯水期施工，若采用石砌，可采用片石、料石、块石等；在冰冻情况下，不可采用砖砌。

构筑物的基础应建在原状土上，当地基土松软或被扰动时，可采用沙石回填块石砌筑或浇筑混凝土等方法来保证地基符合设计要求。进出水口的泄水孔必须通畅，不得倒流。

2. 翼墙施工

翼墙变形缝应位置准确，安设顺直，上下贯通，其宽度允许偏差应为 0～5mm。

翼墙后背填土时，应在混凝土或砌筑砂浆达到设计抗压强度的标准值以后进行；填土应分层压实，其压实度不得小于 95%。填土时墙后不得有积水；墙后反滤层与填土应同时进行，反滤层铺筑断面不得小于设计规定，即必须保证反滤层的铺筑厚度，不能因边铺反滤层边填土而使土侵入反滤层的厚度范围。另外，泄水孔的滤层有时有多种滤料级配，分层厚度也有变化。

3. 防潮闸门井、护坡、护坦施工

管道出水口防潮闸门井的混凝土在浇筑前，应将防潮闸门框架的预埋件固定，预埋件中心位置允许偏差应为 3mm。

护坦干砌时，嵌缝应严密，不得松动；浆砌时灰缝砂浆应饱满，缝宽均匀，无裂缝、无鼓起，表面平整。干砌护坡应使砌体边沿封砌整齐、坚固，不被掏空，必要时应加强护坡。

护坡砌筑的施工顺序应自下而上，石块间相互交错，使砌体缝隙严密，砌块稳定，坡面平整，并不得有通缝叠砌和架空现象。砌筑护坡的坡度不应陡于设计规定；坡面及坡底应平整；坡脚顶面高程允许偏差值应在±20mm范围内；砌体厚度不应小于设计规定。

（四）支墩

钢管、铸铁管、预应力管等压力管道在管道运行时，由于管内水流惯性力的作用，在弯头、三通、堵头及叉管处产生纵向或竖向拉力。为了保护管道不受破坏，以防管道节口受拉脱节，应根据管径大小转角、管内压力、土质情况以及设计要求设置支墩或锚定结构。支墩施工前，应将支墩部位的管节、管件表面清理干净。管道及管道附件的支墩和锚定结构应位置准确，锚定应牢固，钢制锚固件必须采取相应的防腐处理。

支墩应在坚固的地基上修筑。当无原状土做后背墙时，应采取措施保证支墩在受力情况下，不致破坏管道接口。当采用砌筑支墩时，原状土与支墩间应采用砂浆填塞、管道支墩应在管道接口做完、管道位置固定后修筑。支墩宜采用混凝土浇筑，其强度等级不应低于C15，采用砌筑结构时，水泥砂浆强度等级不应低于M7.5。管道安装过程中的临时固定支架应在支墩的砌筑砂浆或混凝土达到规定强度后方可拆除，管道及管件支墩施工完毕，并达到强度要求后方可进行水压试验。

二、明渠衬砌

现场开挖的渠道应进行衬护，即用灰土、水泥土、块石、混凝土、沥青、土工织物等材料在渠道内壁铺砌衬护层，以防止渠道受冲刷，并可减少输水时的渗漏，提高渠道输水能力。明渠应尽量减小渠道断面尺寸，以降低工程造价，还要考虑维护和管理的方便性。明渠常用的衬护方法有灰土衬护、砌石衬护、混凝土衬护和土工织物衬护等。

（一）灰土衬护

灰土由石灰和土料混合而成，灰土比为1∶2～1∶6（质量比），衬护厚度一般为200～400mm。灰土衬护的渠道防渗效果较好，一般可减少渗漏量的85%～95%，造价较低，但其不耐冲刷。

施工时，先将过筛后的细土和石灰粉干拌均匀后再加水拌和，堆放一段时间使石灰充分熟化，待稍干后，即可分层铺筑夯实，拍打坡面消除裂缝。对边坡较缓的渠道，可不立模板直接填筑，铺料要自下而上，先渠底后边坡。对边坡较陡的渠道必须立模填筑，一般模板高0.5m，分三次上料夯实。灰土夯实后应养护一段时间再通水。

（二）砌石衬护

砌石衬护有干砌块石、干砌卵石和浆砌块石三种形式。干砌块石和干砌卵石用于土质较好的渠道，主要起防冲刷作用；浆砌块石用于土质较差的渠道，主要起抗冲防渗作用。

砌筑顺序应遵循“先渠底，后边坡”的原则，砌筑质量要达到“横成排、三角缝、六面靠、踢不动、拔不掉”的要求。

在沙砾石地区，对坡度大、渗漏较大的渠道，采用干砌卵石衬护是一种经济的防渗措施，一般可减少渗漏量40%～60%。但卵石表面光滑，尺寸和质量较小，形状不一，稳定性差，砌筑质量要求较高。干砌卵石施工时，应按设计要求先铺设垫层，然后再砌卵石。砌筑用卵石以外形稍带扁平且大小均匀为好，砌筑时宜采用直砌法，即卵石的长边要垂直于渠底，并砌紧，砌平，错缝，且位于垫层上。砌筑坡面时，要挂线自上而下分层砌筑，渠道边坡以1∶1.5左右为宜，太陡会使卵石不稳，易被水流冲走；太缓则会减少卵石之间的挤压力，增加渗漏损失。为了防止砌筑面被局部冲毁，通常每隔10～20m用较大卵石在渠底和边坡干砌或浆砌一道隔墙，隔墙深600～800mm，宽400～500mm，以增加渠底和边坡的稳定性。渠底隔墙可做成拱形，其拱顶迎向水流，以提高抗冲能力。砌筑完后还应进行灌缝和卡缝。灌缝是将较大的石子灌进砌缝；卡缝是用木榔头或手锤将小片石轻轻砸入砌缝。灌缝和卡缝完毕后在砌体表面扬铺一层沙砾，用少量水进行放淤，一边放水，一边投入沙砾石碎土，直至砌缝被泥沙填实为止。这样既可保证渠道运行安全，又可提高防渗效果。

（三）混凝土衬护

混凝土衬护具有强度高糙率低、防渗性能好（可减少渗漏 90%以上）、适用性强和维护工作量小等优点，因而被广泛应用。混凝土衬护有现浇式、预制装配式和喷混凝土等几种形式。

（四）土工织物衬护

土工织物是用锦纶、涤纶、丙纶等高分子合成材料通过纺织、编制或无纺的方式加工成的一种新型土工材料，广泛用于工程的防渗、反滤、排水等施工中，一般采用混凝土模袋衬护或土工膜衬护。

1. 混凝土模袋衬护

先用透水不透浆的土工织物缝制成矩形模袋，把拌好的混凝土装入模袋中，再将装了混凝土的模袋铺砌在渠底或边坡处（也可先将模袋铺在渠底或边坡，再将混凝土灌入模袋中），混凝土中多余的水分可从模袋中挤出，从而使水灰比迅速降低，形成高密度、高强度的混凝土模袋衬护。衬护厚度一般为 150～500mm，混凝土坍落度为 200mm。利用混凝土模袋衬护渠道，衬护结构柔性好，整体性强，能适应基面变形。

2. 土工膜衬护

渠道防渗以前多采用普通塑料薄膜，因塑料薄膜容易老化，耐久性差，现已被新型防渗材料复合防渗土工膜取代。复合防渗土工膜是在塑料薄膜的一侧或两侧贴上土工织物，以此保护防渗薄膜不受破坏，增加土工膜与土体之间的摩擦力，防止土工膜滑移，提高铺贴稳定性。复合防渗土工膜有一布一膜、二布一膜等形式，具有极高的抗拉、抗撕裂能力和良好的柔性，可使因基面的凹凸不平产生的应力得以很快分散，适应变形的能力强；由于土工织物具有一定的透水性，土工膜与土体接触面上的孔隙水压力和浮托力易于消散；还有一定的保温作用，减小了土体冻胀对土工膜的破坏。为了减少阳光照射，增加其抗老化性能，土工膜要采用埋入法铺设。

三、管道材料

（一）无缝钢管

无缝钢管是一种具有中空截面，周边没有接缝的长条钢材。其大量用作输送流体的管道，如输送石油、天然气、煤气、水及某些固体物料的管道等。

1. 无缝钢管的外径

钢管的外径分为三个系列，即系列 1、系列 2 和系列 3。系列 1 是通用系列，属推荐选用系列；系列 2 是非通用系列；系列 3 是少数特殊专用系列。普通钢管的外径分为系列 1、系列 2 和系列 3；精密钢管的外径分为系列 2 和系列 3；不锈钢管的外径分为系列 1、系列 2 和系列 3。

2. 无缝钢管的分类

钢管的外径和壁厚，分为普通钢管的外径和壁厚、精密钢管的外径和壁厚、不锈钢管的外径和壁厚三类。

3. 无缝钢管的允许偏差

外径和壁厚的允许偏差的选择应考虑钢管用途和制造钢管的工艺装备，优先选用的标准化外径允许偏差。

产品标准所采用的外径和壁厚的允许偏差应优先选择标准化的允许偏差。根据用户要求及产品的特殊性，也可选用非标准化或其他允许偏差。

此外，特殊用途的钢管和冷轧（拔）钢管外径允许偏差可采用绝对偏差。

（二）焊接钢管

焊接钢管也称焊管，是用钢板或钢带经过卷曲成型后焊接制成的钢管。焊接钢管生产工艺简单，生产效率高，品种规格多，设备投资少，但一般强度低于无缝钢管。随着优质带钢连轧生产的迅速发展以及焊接和检验技术的进步，焊缝质量不断提高，焊接钢管的品种规格也日益增多，并在越来越多的领域代替了无缝钢管。焊接钢管按焊缝的形式分为直缝焊管和螺旋焊管。

直缝焊管生产工艺简单，生产效率高，成本低，发展较快；螺旋焊管的强度一般比直缝焊管高，能用较窄的坯料生产管径较大的焊管，还可以用同样宽度的坯料生产管径不同的焊管。与相同长度的直缝管相比，焊缝长度增加了30%～100%，而且生产速度较低。因此，较小口径的焊管大都采用直缝焊，大口径焊管则大多采用螺旋焊。

四、排水管渠材料

（一）对排水管渠材料的要求

（1）排水管渠必须具有足够的强度，以承受外部的荷载和内部的水压，以保证在运输和施工过程中不损坏。

（2）排水管渠应具有抵抗污水中杂质的冲刷和磨损以及抗腐蚀性能。

（3）排水管渠应具有良好的抗渗性，以防止污水渗出和地下水渗入。若污水从管渠中渗出则污染地下水；若地下水渗入管渠则影响正常的排水工作。

（4）排水管渠应具有良好的水力条件，减少水头阻力，使排水畅通。

（5）排水管渠应就地取材，降低造价，减少投资。

（二）常用排水管渠

1. 混凝土管

以混凝土为主要材料制成的圆形管材称为混凝土管。混凝土管适用于排除雨水、污水，可在专门的工厂预制，也可以现场浇制。混凝土管的直径一般小于450mm，长度一般为1m。混凝土管的管径通常有承插式、企口式、平口式。

2. 钢筋混凝土管

为了增大管道强度，在混凝土中加入钢筋制成钢筋混凝土管。钢筋混凝土管适用于管道埋深较大或铺设在土质条件不良地段的情况。当管径大于500mm时常采用钢筋混凝土管。钢筋混凝土管分为轻型钢筋混凝土管和重型钢筋混凝土管。

混凝土管和钢筋混凝土管的主要优点是原料充足、造价低。可预制和现场浇制，故制造工艺简便，但管节较短、接头较多、大口径管自重大、抗酸碱腐蚀能力差。

3. 陶土管

陶土管是用塑性耐火黏土制坯，经高温煅烧制成的。为了防止在煅烧过程中产生裂缝，在其中按一定比例加入耐火黏土和石英砂。根据需要可制成无釉、单面釉、双面釉陶土管。陶土管一般制成圆形断面，有承压式和平口式两种；陶土管管径一般不超过600mm，管长在0.8～1.0m；陶土管的特点是耐酸碱，抗腐蚀性能强，但质脆易碎，强度低不能承受内压，管接短，接口多。

4. 金属管

金属管一般使用于外荷载很大或对渗漏要求特别高的场合，如排水泵站的进出水管、穿越铁路、河道的倒虹管或靠近给水管道和房屋基础时。常用的金属管有铸铁管和钢管，铸铁管的特点是经久耐用，有较强的耐腐蚀性，但质地较脆，抗弯抗折性能差，质量较大；钢管的特点是能耐高压、耐振动、质量较轻、单管的长度大、接口方便，但耐腐蚀性差，采用钢管时必须涂刷耐腐蚀性的涂料并注意绝缘。

5. 其他管材

随着新型建筑材料的不断研究，用于排水管道的材料也不断增加。如玻璃纤维混凝土管、加筋的热固性树脂管、离心混凝土管、聚氯乙烯塑胶硬质管、PUC管、铝合金UPVC复合排水管等。

以上是常用的管材，在选择管材时，应在满足技术要求的前提下尽可能的就地取材，采用当地易于自制、便于供应和运输方便的材料，以使运输及施工总费用降至最低。

（三）排水管渠系统上的构筑物

为了保证有效地排除污水，在排水系统上除了设置管渠以外还需要设置一些其他必要的构筑物，如雨水口、连接暗井、溢流井、检查井、倒吸虹管等。

1. 雨水口、连接暗井、溢流井

雨水口是雨水管渠或河流管渠上收集雨水的构筑物。地面及街道路面的雨水口通过雨水连接管流入排水管渠。

雨水口一般设置在交叉路口、路侧边沟的一定距离处，以及没有道路边石的低洼地处。道路上雨水口的间距一般为 20～50m，当道路坡度大于 0.02 时，雨水口的间距可大于 50m，雨水口的深度一般不宜大于 1m，并可以在路面较差、菜市场等地方设置沉泥槽。

雨水口的构造由进水箅、井筒和连接管三部分组成。井筒可用砖砌或钢筋混凝土预制，也可以采用预制的混凝土管。

雨水口由连接管和街道排水管渠的检查井连接。连接管的最小管径为 200mm，坡度一般为 0.01，长度一般不超过 25m，同一个连接管上的雨水口一般不超过 3 个。当排水管径大于 800mm 时，可在连接管与排水管连接处不设检查井，而设连接暗井。

溢流井是截流干管上最主要的构筑物。通常在合流管渠与截流干管的交汇处设置溢流井，分别为截流槽式、溢流堰式和跳跃堰式。

2. 检查井

为了便于对排水管渠系统做定期检查、维修、清通和连接上、下游管道，必须设置检查井。检查井通常设在管渠交汇、转弯、管渠尺寸或坡度改变、跌水等处，以及相隔一定距离的直线管渠段上。检查井一般为圆形，大型管渠的检查井也有矩形和扇形。检查井由三部分组成：井底、井身、井盖。

检查井的井底基础采用碎石、卵石、碎砖夯实或低标号混凝土，为使水流流过检查井时阻力较小，井底宜设半圆形或弧形流槽，两侧为直壁。污水管道的检查井流槽顶与上、下游管道的管顶相平，或与0.85倍大管管径处相平，雨水管渠和合流管渠的检查井流槽顶可与0.5倍大管管径处相平。流槽两侧到检查井壁间的底板应有一定宽度，一般不小于20cm，以便养护人员下井时立足，并应有0.02～0.05的坡度坡向流槽，以防检查井积水时淤泥沉积。在管渠转弯或几条管渠交汇处，流槽中心线的弯曲半径应按转角大小和管径大小确定，但不得小于大管的管径，目的是使水流通顺。

井身的构造与是否需要工人下井有密切关系。不需要下人的浅井，一般为直壁筒形，井径一般为500～700mm；对于经常要检修的检查井，其井口大于800mm为宜。

检查井的井盖一般为圆形，直径为0.65～0.70m，可采用铸铁或钢筋混凝土材料，在车行道上一般采用铸铁，在人行道或绿化地带可采用钢筋混凝土。为防止雨水流入，盖顶略高出地面。

检查井有三种特殊形式：跌水井、水封井、换气井。

当检查井内衔接的上下游管渠的管底标高跌落差大于1m时，为消减水流速度，防止冲刷，在检查井内应有消能措施，这种检查井叫跌水井。跌水井的形式有竖管式和溢流堰式。当管径直径≤400mm时，采用竖管式跌落井，其一次允许跌落高度随管径大小不同而异；当直径＞400mm时，采用溢流堰式跌水井，其跌水水头高度、跌水方式及井身长度应通过有关水力计算来确定。

当检查井内具有水封设施，以便隔绝易爆、易燃气体进入排水管渠，使排水管渠在进入可能遇火的场地时不致引起爆炸或火灾，这种检查井叫水封井。水封井的位置应该设在产生上述废水的生产装置、贮罐区、原料贮运场地、成品仓库、容器洗涤车间等的废水排出口处及适当距离的干管上。水封井不宜设在车行道和行人多的地段，并应适当远离产生明火的场地。水封井的深度一般为0.25m，井上宜设通风管，井底宜设沉泥槽。

换气井是一种设有通风管的检查井。由于污水中的有机物常在管道中沉积而厌氧发酵，产生甲烷、硫化氢、二氧化碳等气体，如与一定体积的空气混合，在点火条件下将产生爆炸，甚至引起火灾。为防止此类事件发生，同时为了保证检修排水管渠时工作人员能安全地进行操作，有时在街道排水管的检查井上设置通风管，使有害气体在住宅竖管的抽风作用下，随空气沿庭院管道、出户管及竖管排入大气中。

3. 倒虹吸管

排水管道遇到障碍物，如穿过河道、铁路等地下设施时，管道不能按原有坡度埋设，而是以下凹的折线方式从障碍物下通过，这种管道称为倒虹吸管。倒虹吸管由进水井、管道及出水井三部分组成。

第三节 管道连接

一、地下管道开槽施工

（一）施工降排水

明沟排水包括地面截水和坑内排水。

1. 地面截水

排除地表水和雨水，最简单的方法是在施工现场及基坑或沟槽周围筑堤截水，通常利用挖出的土沿四周或迎水一侧、两侧筑0.5～0.8m高的土堤。

施工时，应尽量保留、利用天然排水沟道，并进行必要的疏通。若无天然沟道，则在场地四周挖排水明沟排水，以拦截附近地表水，并注意与已有建筑物保持一定安全距离。

2. 坑内排水

在开挖不深或水量不大的基坑或沟槽时，通常采用坑内排水的方法。坑（槽）开挖时，为排除渗入坑（槽）的地下水和流入坑（槽）内的地表水，一般可采用明沟排水。当基坑或沟槽开挖过程中遇到地下水或地表水时，在基坑的四周或迎水一侧、两侧或在基坑中部设置排水明沟，在四角或每隔30～40m处，设一个集水井，使地下水汇流集于集水井内，再用水泵将地下水排除至基坑外。

排水沟、集水井应设置在管道基础轮廓线以外，排水沟边缘应距离坡脚不小于0.3m。排水沟的断面尺寸应根据地下水量及沟槽的大小来决定，一般断面不小于0.3m×0.3m，沟底设有的1%～5%纵向坡度，且坡向集水井。

集水井一般设在沟槽一侧或设在低洼处，以减少集水井土方开挖量。集水井直径或边长，一般为0.7～0.8m，一般开挖过程中集水井底始终低于排水沟底0.5～1.0m，或低于抽水泵的进水阀高度。当基坑或沟槽挖至设计标高后，集水井底应低于基坑或沟槽底1～2m，并在井底铺垫约0.3m厚的卵石或碎石组成滤水层，以免抽水时将泥沙抽出，防止井底的土被扰动。井壁应用木板、铁笼、混凝土滤水管等简易支撑加固。

排水沟进水口需要经常疏通，集水井需要经常清除井底的积泥，保持必要的存水深度以保证水泵的正常工作。集水井排水常用的水泵有离心泵、潜水泥浆泵、活塞泵和隔膜泵。

明沟排水是一种常用的简易的排水方法，适用于除细沙、粉沙之外的各种土质。如果基坑较深或开挖土层由多种土层组成，中部夹有透水性强的沙类土层，为防止上层地下水冲刷基坑下部边坡造成塌方，可设置分层明沟排水，即在基坑边坡上设置2～3层明沟及相应的集水井，分层阻截并排除上部土层中的地下水。

（二）沟槽开挖

1. 编制施工方案

沟槽开挖时，施工单位应根据施工现场的地形、地貌及其他设施情况，在了解施工现场的地质及水文地质资料的基础上，结合工程所在地的材料、水电、交通及机械供应情况，编制施工设计方案。

2. 施工现场准备

施工现场准备主要包括场地清理与平整工作、施工排水、管线的定位与放线工作。

开挖沟槽时，应在管道沿线进行测量和施工放线，建立临时水准点和管道轴线控制桩，而且要求开槽铺设管道沿线临时水准点每 200m 不少于 1 个临时水准点，管道轴线控制桩、高程桩应经复核方可使用，并经常校核。

3. 沟槽及基坑土方量计算

(1) 沟槽土方量计算

沟槽土方量计算通常采用平均法，由于管径的变化、地面起伏的变化，为了更准确地计算土方量，应沿长度方向分段计算。

(2) 基坑土方量计算

基坑土方量可按立体几何中柱体体积公式计算。

4. 沟槽及基坑的土方开挖

(1) 土方开挖的一般原则

①合理确定开挖顺序

应结合现场的水文、地质条件，合理确定开挖顺序，并保证土方开挖按顺序进行。如相邻沟槽和基坑开挖时，应遵循先深后浅或同时进行的施工顺序。

②土方开挖不得超挖

采用机械挖土时，可在设计标高以上留 20cm 土层不挖，用人工清理，但采用人工挖土也不得超挖。如果挖好后不能及时进行下一工序，可在基底标高以上留 15cm 土层不挖，待下一工序开始前再挖除。

③人工开挖时应保证沟槽槽壁稳定

一般槽边上缘至弃土坡脚的距离应不小于 0.8～1.5m，堆土高度不应超过 1.5m。

④安全距离

采用机械开挖沟槽时应由专人负责掌握挖槽断面尺寸和标高，施工机械离槽边上缘应有一定的安全距离。

⑤遵守规定

软土、膨胀土地区开挖土方或进入季节性施工时应遵照有关规定。

（2）开挖方法

①沟槽放线

沟槽开挖前，应建立临时水准点并加以核对、测设管道中心线、沟槽边线及附属构筑物位置。临时水准点一般设在固定建筑物上，且不受施工影响，应妥善保护，使用前要校测。

沟槽边线测设好后，用白灰放线，以作为开槽的依据。根据测设的中心线，在沟槽两端埋设固定的中线桩，作为控制管道平面位置的依据。

②开挖方法及机械化施工方案选择

土方开挖方法分为人工开挖和机械开挖两种方法，为了减轻繁重的体力劳动，加快施工速度，提高劳动生产率，应尽量采用机械开挖。

沟槽、基坑开挖常用的施工机械有单斗挖土机和多斗挖土机两种，机械开挖适用于一、三类土。单斗挖土机在沟槽或基坑开挖施工中应用广泛，按其工作装置不同，分为正铲、反铲、拉铲和抓铲等；按其操纵机构的不同，分为机械式和液压式两类。

开挖沟槽应优先考虑采用单斗反铲挖土机，并根据管沟情况，采取沟端开挖或沟侧开挖。大型基坑施工常采用正铲挖土机挖土，自卸汽车运土；当基坑有地下水时，可先用正铲挖土机开挖地下水位以上的土，再用反铲、拉铲或抓铲开挖地下水位以下的土。

机械开挖前，应对司机详细交底，主要指挖槽断面（深度、边坡、宽度）的尺寸、堆土位置、地下其他构筑物具体位置及施工要求，并制定安全措施，之后方可施工。

二、地下管道不开槽施工

敷设市政管道一般采用开槽方法。开槽施工时要开挖大量土方，并要有临时存放场地，以便安好管道后进行回填。这种施工方法污染环境，占地面积大、妨碍交通，给工农业生产和人们的日常生活带来极大不便，而不开槽施工可以避免以上问题。

不开槽施工的适用范围很广，一般遇到下列情况时就可采用：管道穿越铁路、公路、河流或建筑物时；街道狭窄，两侧建筑物多时；在交通量大的市区街道施工，管道既不能改线又不能断绝交通时；现场条件复杂，与地面工程交叉作业，相互干扰，易发生危险时；管道覆土较深，开槽土方量大，并需要支撑时。

影响不开槽施工的因素包括地质、管道埋深、管道种类、管材及接口、管径大小、管节长度、施工环境、工期等，主要因素是地质和管节长度。

与开槽施工比较，不开槽施工具有如下特征。

(1) 施工面由线缩成点，占地面积少；施工面移入地下，不影响交通，不污染环境。

(2) 穿越铁路、公路、河流、建筑物等障碍物时可减少沿线的拆迁，节省资金与时间，降低工程造价。

(3) 施工中不破坏现有的管线及构筑物，不影响其正常使用。

(4) 大量减少土方的挖填量。一般开槽施工要浇筑混凝土基础，而不开槽施工是利用管底下的天然土做地基，可节省管道的全部混凝土基础。

(5) 降低工程造价。不开槽施工较开槽施工可降低 40%左右的费用。

但是，这项技术也存在一些问题：土质不良或管顶超挖过多时，竣工后容易地面下沉，路表裂缝，需要采用灌浆处理；必须有详细的工程地质和水文地质勘探资料，否则将出现不易克服的困难；遇到复杂的地质情况时（如松散的沙砾层、地下水位以下的粉土），则施工困难、工程造价提高。

因此，不开槽施工前，应详细勘察施工场地的工程地质、水文地质和地下障碍物等情况。

不开槽施工一般适用于非岩性土层，在岩石层、含水层施工或遇到坚硬地下障碍物，都需有相应的附加措施。

地下给水排水管道不开槽施工方法有很多种，主要分为掘进顶管、挤压土顶管、盾构掘进衬砌成型管道或管廊。采用的方法取决于管道用途、管径、土质条件、管长等因素。

用不开槽施工方法铺设的给水排水管道种类有钢管、钢筋混凝土管及预制或现浇的钢筋混凝土管沟（渠、廊）等，采用较多的管道种类还是各种圆形钢管、钢筋混凝土管、玻璃钢管。

（一）掘进顶管法

掘进顶管施工需先在管道一端挖工作坑，再按照设计管线的位置和坡度，在工作坑底修筑基础、设置导轨，将管安放在导轨上。顶进前在管前端挖土，后面用千斤顶将管逐节顶入，反复操作，直至顶至设计长度为止。千斤顶支承于后背，后背支承于后座墙上。

人工掘进顶管又称普通顶管，是目前较为普遍的顶管方法。管前用人工挖土，设备简单，能适应不同的土质，但工效较低。

1. 工作坑及其选择

（1）工作坑位置选择

顶管工作坑是顶管施工时在现场设置的临时性设施，工作坑内包括后背、导轨和基础等。工作坑是人、机械、材料较集中的活动场所，因此工作坑的选择应尽量选择在管线上的附属构筑物位置上，如闸门井、检查井处；单向顶进时，工作坑宜设置在管线下游。

（2）工作坑种类

按照工作坑的使用功能可分为单向坑、双向坑、多向坑、转向坑、交汇坑。

单向坑的特点是管道只朝一个方向顶进，工作坑利用率低，只适用于穿越障碍物；双向坑的特点是在工作坑内定完一个方向管道后，调过头来利用顶入的管道做后背，再顶进相对方向的管道，工作坑利用率高，适用于直线式长距离顶进；多向坑一般用于管道拐弯处，或支管接入干管处，在一个工作坑内，向二至三个方向顶进，工作坑利用率高；转向坑类似于多向坑；交会坑是在其他两个工作坑内，从两个相对方向向交会坑顶进，在交会坑内对口相接。交会坑应在顶近距离长或一端顶进出现过大失误时使用，但工作坑利用率低，一般情况下不使用。

（3）工作坑尺寸

工作坑的尺寸是指工作坑底的平面尺寸，它与管径大小、管节长度，覆土深度、顶进形式、施工方法有关，并受土质、地下水等条件影响，还要考虑各种设备布置位置、操作空间、工期长短，垂直运输条件等多种因素。

2. 顶进设备

顶进设备种类有很多，一般采用液压千斤顶。液压千斤顶的构造形式分活塞式和柱塞式两种。为了减少缸体长度而又要增加行程长度，宜采用多行程和长行程千斤顶，以减少搬放顶铁时间，提高顶管速度。

按千斤顶在顶管中的作用一般可分为：用于顶进管节的顶进千斤顶；用于校正管节位置的矫正千斤顶；用于中继间顶管的中继千斤顶。

3. 管前人工挖土与运土

（1）挖土

顶进管节的方向和高程的控制，主要取决于挖土操作。工作面上挖土不但影响顶进效率，更重要的是影响质量控制。

对工作面挖土操作的要求：根据工作面土质及地下水位高低来决定挖土的方法；必须在操作规程规定的范围内挖土；不得扰动管底地基土；及时顶进和测量，及时将管前挖出的土运出管外。人工每次掘进的深度，一般等于千斤顶的行程。

（2）运土

从工作面挖下来的土，通过管内水平运输和工作坑的垂直提升送至地面。除保留一部分土方用作工作坑的回填外，其余都要运走弃掉。管内水平运输可用卷扬机牵引或电动内燃的运土小车在管内进行有轨或无轨运土，也可用带式运输机运土。土运到工作坑后，由地面装置的卷扬机、门式起重机或其他垂直运输机械吊运到工作坑外运走。

（二）挤压土顶管和管道牵引不开槽铺设

挤压土顶管一般分为两种，出土挤压顶管和不出土挤压顶管。

1. 挤压土顶管的优点及适用条件

（1）挤压土顶管的优点

不同于普通顶管，挤压土顶管由于不用人工挖土装土，甚至顶管中不出土，将顶进、挖土、装土三道工序连成一个整体，使劳动生产率显著提高。

因为土是被挤到工具管内的，因此管壁四周无超挖现象，只要工具管开始入土时将高程和方向控制好了，则管节前进的方向稳定，不易左右摆动，所以施工质量比较稳定。采用挤压土顶管还有设备简单、操作简易的优点，故易于推广。

（2）挤压土顶管的适用条件

挤压土顶管技术的应用主要取决于土质条件、覆土深度、顶近距离、施工环境等。

①土质条件

含水量较大的黏性土、各种软土、淤泥，由于孔隙较大又具有可塑性，故适于挤压土顶管。

②覆土深度

覆土深度最少应保证为顶入管道直径的2.5倍，覆土过浅可能造成地面变形隆起。

③顶近距离

挤压土时在同样条件下比掘进顶管方法顶力要大些。因此，顶近距离不宜过长。

④施工环境

挤压土顶管技术的应用受地面建筑物及地下埋设物的影响，一般距地下构筑物或埋设物的最小间距不小于1.5m，且不能用于穿越重要的地面建筑物。

2. 出土挤压顶管

出土挤压顶管适用于大口径管的顶进。

（1）挤压土顶管设备

主要设备为带有挤压口的工具管，此外，是割土和运土工具。

①工具管

挤压工具管与机械掘进所使用的工具管外形结构大致相同，但挤压工具管内部设有挤压口。工具管切口直径大于挤压口直径，两者呈偏心布置，偏心距增大，使被挤压土柱与管底的间距增大，便于土柱装载。所以，合理而正确地确定挤压口的尺寸是采用出土挤压顶管的关键。

②割土工具

切割的方法较为简单，先用R形的卡子将钢丝绳固定在挤压口的里面，沿着挤压口围成将近一圈。挤压口下端将钢丝头固定，并在刃角后50mm的地方沿着挤压口将钢丝绳固定，每隔200mm左右夹上一个卡子。钢丝绳另一端依靠两个直径80mm的定滑轮，将钢丝绳拉到卷扬机上缠好。当卷扬机卷紧钢丝绳时，钢丝绳的固定端不动，绳由上端向下将挤压在工具管内的土柱割断。

（2）挤压工艺

施工顺序：安管→顶进→输土→测量。

①安管与普通顶管法施工相同。

②顶进。顶进前的准备工作与普通顶管法施工基本相同，只是增加了一项斗车的固定工作。应事先将割土的钢丝绳用卡子夹好，固定在挤压口周围，将斗车推送到挤压口的前面对好挤压口，再将斗车两侧的螺杆与工具管上的螺杆连接，插上销钉，紧固螺栓，将车身固定。将槽钢式钢轨铺至管外即可顶进，顶进时应连续顶进，直到土柱装满斗车为止。

③输土。斗车装满土后，松开紧固螺栓，拔出插销使斗车与工具管分离，再将钢丝绳挂在斗车的牵引环上，即可开动卷扬机将斗车拉到工作坑，再由地面起重设备将斗车吊至地面。

④测量。采用激光测量导向，保证上下左右的误差在10～20mm。

三、管道跨越施工

（一）管道穿越水体施工

1. 一般规定

（1）施工前应结合工程的详细勘察报告、水文气象资料和设计施工图纸，进行现场调查研究，掌握工程沿线的有关工程地质、水文地质和周围环境情况和资料，以及沿线地下和地上管线建（构）筑物、障碍物及其他设施的详细资料。

（2）施工场地布置、土石方堆弃及成槽排出的土石方等，不得影响航运、航道及水利灌溉。施工中对危及的堤岸、管线和建筑物应采取保护措施。

（3）沉管和桥管施工方案应征求相关河道管理等部门的意见。施工船舶、水上设备的停靠、锚泊、作业及管道施工时，应符合航政、航道等部门的有关规定，并有专人指挥。

（4）施工前应对施工范围内及河道地形进行校测，建立施工测量控制系统，并可根据需要设置水上、水下控制桩。设置在河道两岸的管道中线控制桩及临时水准点，每侧应不少于两个，且应设在稳固地段和便于观测的位置，并采取保护措施。

（5）管段吊运时，其吊点、牵引点位置应设置管段保护装置，起吊缆绳不宜直接捆绑在管壁上。

（6）管节进行陆上组对拼装应符合下列规定。

①作业环境和组对拼装场地应满足接口连接和防腐层施工要求。

②浮运法沉管施工，应选择溜放下管方便的场地；底拖法沉管施工，组对拼装管段的轴线宜与发送时的管段轴线一致。

③管节组对拼装时应校核沉管及桥管的长度；分段沉放水下连接的沉管，其每段长度应保证水下接口的纵向间隙应符合设计和安装连接要求；分段吊装拼接的桥管，其每段接口拼接位置应符合设计和吊装要求。

④钢管、聚乙烯管、聚丙烯管组对拼装的接口连接应符合《给水排水管道工程施工及验收规范》（GB50268－2008）的有关规定，且钢管

接口的焊接方法和焊缝质量等级应符合设计要求。

⑤钢管内、外防腐层施工应符合《给水排水管道工程施工及验收规范》(GB50268－2008) 的规定和设计要求。

⑥沉管施工时，管节组对拼装完成后，应对管道（段）进行预水压试验，合格后方可进行管节接口的防腐处理和沉管铺设。

⑦组对拼装后管道（段）预水压试验应按设计要求进行；设计无要求时，试验压力应为工作压力的两倍，且不得小于 1.0MPa，试验压力达到规定值后保持恒压 10min，不得有降压和渗水现象。

(7) 沉管施工采用斜管连接时，其斜坡地段的现浇混凝土基础施工，应自下而上进行浇筑，并采取防止混凝土下滑的措施。

(8) 沉管和桥管段与斜管段之间应采用弯管连接，钢制弯头处的加强措施应符合设计要求；钢筋混凝土弯头可现浇或预制。混凝土强度和抗渗性能不应低于设计要求。

(9) 与陆上管道连接的弯管，在支墩施工前应按设计要求对弯管进行临时固定，以免发生位移、沉降。

(10) 沉管和桥管工程的管道功能性试验应符合下列规定。

①给水管道宜单独进行水压试验，并应符合《给水排水管道工程施工及验收规范》(GB50268－2008) 的相关规定。

②超过 1km 的管道，可不分段进行整体水压试验。

③大口径钢筋混凝土沉管，也可按《给水排水管道工程施工及验收规范》(GB50268－2008) 附录 F 的规定进行检查。

(11) 处于通航河道时，夜间施工应有保证通航的照明。沉管应按国家航运部门有关规定设置浮标或在两岸设置标志牌，标明水下管线的位置；桥管应按国家航运部门的有关规定和设计要求设置防冲撞的设施或标志，桥管结构底部高程应满足通航要求。

2. 施工方法的选择

穿越水体的管道施工方法，应根据水下管道长度和管径、水体深度、水体流速、水底土质、航运要求、管道使用年限、潮汐和风浪情况等因素确定。

(1) 使用倒虹管穿越河底的施工方法时，可采用顶管、围堰和浮运沉管等施工方法。倒虹管通常采用钢管和塑料管；对于小管径、短距离的倒虹管，可采用铸铁管，但宜采用柔性接口；重力管线上的倒虹管可采用钢筋混凝土管；当采用金属管道时，应对金属管加强防腐措施。

①在河底埋设给水管道时，为保证不间断供水，过河段一般设置双线，且位于河床、河岸不受冲刷的地段。两端应设置阀门井、排气阀与排水装置。为了防止河底冲刷而损坏管道，不通航河流管道顶部距河底高差应不小于 0.5m；通航河流高差应不小于 1.0m。

②在河底埋设排水管道的要求与施工方法，与给水管道河底埋管基本相同。

(2) 河面跨越的施工方法有沿公路桥铺设和管桥架设等方法。

3. 围堰法施工

围堰是一种临时施工设施，常用于河面不甚宽广，水流不急且不通航的河流中，其作用是将水中施工部位围护起来，以便在其中进行正常施工。管道埋设至河岸处时，可先拦截一半河宽的河流修筑围堰，然后用水泵抽干堰中河水，再在堰内开挖沟槽，铺筑管线；管线铺筑后，塞住管端管口，回填沟槽。之后拆除第一道围堰，回填沙土，使水流在此河床上部通过，然后拦截另一半河宽的水流，建造第二道围堰；用水泵抽干第二道围堰中的河水，开挖沟槽并接管，完工后清除第二道围堰。

围堰施工时，应确保施工期间河水的最高水位不致淹没堰顶。修筑围堰时，迎水流方向的堰体应做得平缓些，尽量减少河水的冲刷。围堰背水面坡底与沟槽边的安全距离，应根据坝、堰体高度和迎水面水深、沟槽深度、水下地质情况及施工时的运输堆土排水设施等因素确定。

(1) 土堰

土堰是围堰最简单的结构形式，土围堰堰顶宽度不应小于 1.5m；堰内边坡坡度不宜陡于 1∶1；堰外边坡坡度不宜陡于 1∶2。常用于水深在 1.5m 以内，水流缓慢，无冲刷作用的河流。当流速较大时，外坡面宜用草皮、柴排（树枝），毛石或装土草袋等加以防护。

填筑土堰前，应先将修堰河坡及河床处的各种树根乱石清除，并沿堰的纵轴挖土，直至挖出硬土层的槽道，或沿堰坡脚打入短桩，然后分层填筑。填筑土堰宜采用砂质黏土。

（2）草（麻）袋围堰

草（麻）袋围堰的堰顶宽宜为1～2m，堰外边坡坡度视水深及流速确定，宜为（1∶0.5）～（1∶1.0）；堰内边坡坡度宜为（1：0.2）～（1∶0.5）。草（麻）袋装土量宜为草（麻）袋容量的2/3，袋口应缝合，不得漏土。草（麻）袋围堰可用黏土填心防渗，在流速较大处，堰外边坡草（麻）袋内可填装粗沙或砾石，以防冲刷。土袋堆码时应平整密实，相互错缝。

（3）草捆土围堰

草捆土围堰应采用未经碾压的新鲜稻草或麦秸，其长度应不小于50cm。围堰堰底宽度宜为水深的1.5～3倍。堰体的草与土应铺筑平整，厚度均匀。围堰填筑前，应清除堰底处河床上的树根石块、表面淤泥及杂物等。围堰采用松散的黏性土时，不得含有石块、垃圾、木料等杂物，冬期施工时不应使用冻土。草捆土围堰填筑出水面后，或用干筑土围堰时，填土应分层压实。

草捆土围堰施工时，应符合下列规定：

①每个草捆长度宜为150～180cm，直径宜为40～50cm，迎水面和转弯处草捆应用麻绳捆扎，其他部位宜采用草绳捆扎。

②草捆拉绳应采用麻绳，直径宜为2cm，长度可按草捆预计下沉位置确定，宜为水深的三倍。

③草捆铺设应与堰体的轴线平行。草捆与草捆之间横向应靠紧，纵向搭接应呈阶梯状，其搭接长度可按该层草捆所处水深确定。当水深等于或小于3m时，其搭接长度应为草捆长度的1/2；当水深大于3m时，其搭接长度应为草捆长度的2/3。

④草捆层上面宜先用散草将草捆间的凹处填平，再垂直于草捆铺设散草，其厚度宜为20cm。

⑤散草层上面的铺土，应将散草全部覆盖，其厚度宜为30～40cm。

⑥堰体下沉过程中，应随下沉速度放松拉绳，保持草捆下沉位置。

沉底后应将拉绳固定在堰体上。

（4）板桩围堰

板桩围堰适用于河水较深、河床土壤容许打桩的河流。板桩围堰是用垂直木板桩来代替土堰背水坡的一种结构，这种围堰不但可减少土堰的断面尺寸，还可减少水流的渗透。对于水面宽且水流急的河流，应考虑采用钢板桩围堰，但仅能在泥沙河床的条件下采用。采用钢板桩时，钢板桩的顶端应设有吊孔，并用钢板补强加固。钢板桩搬运起吊时，应防止锁口损坏或由于自重而导致变形。在堆存期间，应防止变形及锁口内积水。

当起吊设备允许时，钢板桩可用 2～3 块拼成组合桩，每隔 3～6m 用夹具夹紧，夹具应与围堰形式相符。组拼时应在锁口内填充防水混合料。夹具夹紧后，应采用油灰和棉絮捻塞拼接缝。插打钢板桩应符合这些规定：插打前，在锁口内应涂抹防水混合料；吊装钢板桩，当起重设备高度不够需要改变吊点位置时，吊点位置不得低于桩顶以下 1/3 桩长；钢板桩可采用锤击、振动或辅以射水等方法下沉，但在黏土中，不宜采用射水；锤击时应设桩帽；插打时，必须有可靠的导向设备，宜先将全部钢板桩逐根或逐组插打稳定，然后依次打到设计高程。如能保证钢板桩插打垂直，可将每根或每组钢板桩一次锤打到设计高程；最初插打的钢板桩，应详细检查其平面位置和垂直度，当发现倾斜时，应立即纠正；接长的钢板桩，其相邻两钢板桩的接头位置应上下错开，不得小于 2m；在同一围堰内采用不同类型的钢板桩时，应将两种不同类型钢板桩的各一半拼接成异型钢板桩；钢板桩因倾斜无法合拢时，应采用特制的楔形钢板桩，楔形的上下宽度之差不得超过桩长的 2%。

（5）管道埋设

在河床埋管应考虑防止冲刷的措施，当河底土质不好时，应做管道基础。当河底为流沙时，应于管道两侧加设固定桩，避免管道在流沙运动下发生滚动。

（6）围堰拆除

围堰拆除时应从下游开始，由堰顶至堰底，背水面至迎水面，逐步拆除。如采用爆破法拆除时，应采取安全措施。拔出钢板桩前，应向堰内灌水，使堰内外水位相等。拔桩应由下游开始。

4. 管道浮沉法施工

当管线穿越河道时，可水下开槽、利用漂浮法运管，然后管内充水，下沉就位，恢复河床，这种方法称为管道浮沉法施工。

(1) 水下基槽开挖

水下沟槽常用挖泥船、吸泥泵或索铲开挖。开挖前，应对管位进行测量放样复核，开挖成槽过程中应及时进行复测；应根据工程地质和水文条件因素，以及水上交通和周围环境要求，结合基槽设计要求选用浚挖方式和船舶设备；应在两岸设立固定中心标志，按照测量好的管道在河底的铺筑位置，在河两岸设置岸标，并以此确定沟槽的开挖方向。岸标应设置为两对，分别表示出沟槽开挖的两条边线，并不时采用经纬仪校测沟位。

(2) 沉管管基

管道及管道接口的基础，所用材料和结构形式应符合设计要求，投料位置应准确；基槽宜设置基础高程标志，整平时可由潜水员或专用刮平装置进行水下粗平和细平；管基顶面高程和宽度应符合设计要求；采用管座、桩基时，施工应符合国家相关标准、规范的规定，管座、基础桩位置和顶面高程应符合设计和施工要求。

(3) 组对拼装管道（段）沉放

①水面浮运法施工前，组对拼装管道下水浮运时，应符合下列规定。

岸上的管节组对拼装完成后进行溜放下水作业时，可采用起重吊装、专用发送装置、牵引拖管、滑移滚管等方法下水，对于潮汐河流还可利用潮汐水位差下水。

下水前，管道（段）两端管口应进行封堵；采用堵板封堵时，应在堵板上设置进水管、排气管和阀门。

管道（段）溜放下水、浮运、拖运作业时应采取措施防止管道（段）防腐层损伤，局部损坏时应及时修补。

管道（段）浮运时，若浮运所承受浮力不足以使管道漂浮时，可在两旁系结刚性浮筒、柔性浮囊或捆绑竹、木材等；管道（段）浮运应适时进行测量定位。

管道（段）采用起重浮吊吊装时，应正确选择吊点，并进行吊装应力与变形验算。

应采取措施防止管道（段）产生超过允许的轴向扭曲、环向变形、纵向弯曲等现象，并避免外力损伤。

②水面浮运至沉放位置进行沉管。为防止河道因涨落潮或汛期水位的变化影响管道拖运或浮运，通常在水位正常时进行，不宜在洪水季节进行。在沉放前应做好相关准备工作。

5．水下沟槽回填

管节（段）沉放经检验合格后应及时进行稳管和回填沟槽。回填时，采用重压、投抛沙石将管道拐弯处固定后，再均匀回填沟槽。水下部位的沟槽应连续回填满槽；水上部位应分层回填夯实。如水流速度大，可在管顶以上不少于 15cm 处再填压一层石笼，然后用土或沙砾石回填满槽。

沟槽回填时，回填材料应符合设计要求，回填应均匀，并不得损伤管道；水下部位应连续回填至满槽，水上部位应分层回填夯实；回填高度应符合设计要求，并满足防止水流冲刷、通航和河道疏浚要求；采用吹填回土时，吹填土质应符合设计要求，取土位置及要求应征得航运管理部门的同意，且不得影响沉管管道；可采用原开挖沟槽的设备，也可采用潜水工在水下操纵水枪进行回填。为防止管道被强力水流冲移，可用桩加固。管道回填完以后，应进行水压试验，以检验最后的施工质量。应及时做好稳管和回填的施工及测量记录。

（二）桥管施工

桥管适用于自承式平管桥的给排水钢管道跨越工程施工。桥管管道施工应根据工程具体情况确定施工方法，管道安装可采取整体吊装、分段悬臂拼装、在搭设的临时支架上拼装等方法。桥管的下部结构、地基与基础及护岸等工程施工和验收应符合桥梁工程的有关国家标准、规范的规定。

1. 桥管工程施工方案内容

（1）施工布置图及剖面图。

（2）桥管吊装施工方法的选择及相应的技术要求。

（3）吊装前地上管节组对拼装方法。

（4）管道支架安装方法。

（5）施工各阶段的管道强度、刚度稳定性验算。

（6）管道吊装测量控制方法。

（7）施工机械设备数量与型号的配备。

（8）水上运输航线的确定，通航管理措施。

（9）施工场地临时供电、供水、通信等设计。

（10）水上、水下等安全作业和航运安全的保证措施。

2. 桥管施工准备

（1）桥管的地基与基础、下部结构工程经验收合格，并满足管道安装条件。

（2）墩台顶面高程、中线及孔跨径，经检查满足设计和管道安装要求；与管道支架底座连接的支承结构、预埋件合格。

（3）应对不同施工工况条件下临时支架、支承结构、吊机能力等进行强度、刚度及稳定性验算。

（4）待安装的管节（段）应符合下列规定：钢管组对拼装及管件、配件、支架等经检验合格；分段拼装的钢管，其焊接接口的坡口加工、预拼装的组对满足焊接工艺、设计和施工吊装要求；钢管除锈、涂装等处理符合有关规定；表面附着污物已清除；已按施工方案完成各项准备工作。

3. 管道铺设

将管道铺设在桥梁上的施工方法就是尽可能利用原建或拟建的公路

桥梁进行铺设。该方法施工较为简单，常用的方法有吊环法、托架法、桥台法和管沟架设法。

（1）吊环法

在公路桥的桥旁已留有吊装位置或公路桥在设计时已预先留下铺设管道位置的情况下，采用吊环将过河管道固定于公路桥一侧。

（2）托架法

托架法就是先在已建桥的桥旁焊出钢支架，然后把钢管或铸铁管等过河管材直接铺设在钢支架上。

（3）桥台法

桥台法就是将过河管材架设在已建公路桥的桥墩旁边。桥墩的间距应小于过河管材管道托架要求改道的间距。

（4）管沟法

根据设计要求，公路桥在修建时，已在人行道下面预留有管沟。过河管材如钢管、铸铁管或钢筋混凝土管等，可直接铺设在预留的管沟内。

桥管采用分段拼装时，应进行管道位置挠度的跟踪测量，必要时应进行应力跟踪测量；高空焊接拼装作业时应设置防风、防雨设施，并做好安全防护措施；分段悬臂拼装时，每管段轴线安装的挠度曲线变化应符合设计要求。

4. 拱管

拱管也是管道河面跨越施工的一种重要形式，仅适用于钢管。它是利用自身的拱来作为支撑结构的，能起到一管两用的作用。由于拱是以承受压力为主的结构，强度较大，再加上管壁较薄，造价经济，因此常用于跨度较大的河流上，可通过立杆法进行安装。

（1）弯管

拱管的弯制方法有两种，一种是先接后弯法；另一种则是先弯后接法。无论是采用先接后弯法还是采用先弯后接法，在管道焊接之后，均须进行充氧试验或油渗试验，以检查管道渗漏情况。

（2）立杆

当管径较小，水面较窄时，可采用两根拔杆分立于河流两侧，每边一根，其中一根为独脚拔杆，另一根是摇头拔杆。起吊前，先将拱管摆置在两个管架（或镇墩）的中间，吊装时两根拔杆同时起吊。

（3）安装

在拔杆或悬臂将拱管提起后，应立即送至两个管架上就位。由于管架上水平托架已经焊死，因此拱管左右位置不致出现偏差。前后位置以两端托架为准，如有差错，可以用拔杆或悬臂予以调整；而拱管的垂直度，可以用经纬仪在两端观测，用风绳予以校正。

在拱管的两个托架安装并校正以后，即可焊接。若发现托架与管身之间有空隙，可用铁片嵌入后再行施焊。水平托架一经焊死，随即将斜托架焊上，再用经纬仪观测拱管轴线，检查有无偏差。拱管安装时，应把握拱管的矢高比为1/6～1/8，通常采用1/8，为避免拱管下垂、变形或开裂，应在拱管中部加设临时钢索。

拱管安装完毕后，应做通水试验，并观测拱管轴线与管架变位情况，必要时可采取措施，予以纠偏。如遇到水面较窄的河流，可采用履带式吊车安装，此法可以减少管道位移与立装拔杆等工作，从而加速施工进度，其安装要求与立杆安装法基本相同。

5. 架空管

常见的架空管有支柱式架空管和桁架式架空管两种形式。

（1）支柱式架空管

支柱式架空管适用于河宽较窄，两岸地质条件较好的老土地段。在施工前，应征得航运部门、航道管理部门及农田水利规划部门的同意，并协商确定管底标高、支柱断面和支柱跨度等。常用的支柱有钢筋混凝土桩架式或预制支柱。

（2）桁架式架空管

桁架式架空管适用于地质条件良好及地形稳定的施工地段。施工时，可先在两岸装置桁架，再由桁架支撑着管道穿过河面。这种施工方法虽可避免水下操作，但必须在具备良好的吊装设施的条件下进行。常用的桁架形式有双曲拱桁架、悬索桁架和斜拉索三种。

第四节　管道支吊架的安装

一、管道支架形式

管道支架的作用是支撑管道，也可限制管道的变形和位移。支架安装是管道安装的重要环节。根据支架对管道的制约情况，可分为固定支架和活动支架。

管道支架按材料可分为钢支架和混凝土支架等；按形状可分为悬臂支架、三角支架、门形支架、弹簧支架、独柱支架等；按支架的力学特点可分为刚性支架和柔性支架。

选择管道支架应考虑管道的强度、刚度；输送介质的温度、工作压力；管材的线性膨胀系数；管道运行后的受力状态及管道安装的实际位置情况等。同时，应考虑制作和安装的实际成本。管道支架应满足下列要求。

(1) 管道上不允许有任何位移的地方，应设置固定支托架。

(2) 允许管道沿轴线方向自由移动时设置活动支架，有托架和吊架两种形式。托架是活动支架中的简易式，其U形卡只固定一个螺帽，管道在卡内可自由伸缩。

(3) 托钩与立管卡。托钩一般用于室内横支管、支管等的固定；立管卡用来固定立管，一般多采用成品。

二、管道支架安装

(一) 支架安装位置的确定

支架的安装位置依据管道的安装位置确定，应先根据设计要求确定固定支架和补偿器的位置，然后再确定活动支架的位置。

1. 固定支架位置的确定

固定支架的安装位置由设计人员在施工图纸上给定，其位置确定主要考虑管道热补偿的需要。可以利用在管路中的合适位置布置固定点的方法，把管路划分成不同的区段，使两个固定点间的弯曲管段满足自然补偿，直线管段可利用设置补偿器进行补偿，使整个管路的补偿问题得以解决。由于固定支架要承受很大的推力，故必须有坚固的结构和基础，所以它是管道中造价较高的构件。

2. 活动支架位置的确定

活动支架的安装在图纸上不予给定，而是在施工现场根据实际情况并参照表的支架间距（有坡度的管道可根据水平管道两端点间的距离及设计坡度计算出两点间的高差），在墙上按标高确定两点位置。根据各种管材对支架间距的要求拉线画出每个支架的具体位置。若土建施工时已预留孔洞，预埋铁件也应拉线放坡检查其标高、位置及数量是否符合要求。

（二）管道支架安装方法

支架的安装方法主要是指支架的横梁在墙体或构件上的固定方法，现场安装中托架安装工序较为复杂。结合实际情况可用栽埋法、膨胀螺栓法、射钉法、预埋焊接法、抱柱法安装。

1. 栽埋法

适用于墙上直形横梁的安装，安装步骤和方法是在已有的安装坡度线上画出支架定位的十字线和打洞的方块线，打洞，浇水（用水壶嘴往洞顶上沿浇水，直至水从洞下沿流出）。填实砂浆直至抹平洞口，插栽支架横梁。栽埋横梁必须拉线（即将坡度线向外引出），使横梁端部 U 形螺栓孔中心对准安装中心线（对准挂线），填塞碎石挤实洞口，在横梁找平、找正后，抹平洞口处灰浆。

2. 膨胀螺栓法

适用于角形横梁在墙上的安装。做法是按坡度线上的支架定位十字线向下量尺，画出上下两膨胀螺栓安装位置十字线后，用电钻钻孔，孔径等于套管外径，孔深为套管长度加 15mm，与墙面垂直；清除孔内灰渣，套上锥形螺栓，拧上螺母，打入墙孔，直至螺母与墙平齐，用扳手拧紧螺母直至胀开套管后打横梁穿入螺栓，用螺母紧固在墙上。

3. 射钉法

多用于角形横梁在混凝土结构上的安装。做法是按膨胀螺栓法定出射钉位置十字线，再用射钉枪射入8～12mm的射钉，紧固角形横梁。

4. 预埋焊接法

在预埋的钢板上弹上安装坡度线，作为焊接横梁的端面安装标高控制线，将横梁垂直焊在预埋钢板上，并使横梁端面与坡度线对齐，先电焊校正后焊牢。

5. 抱柱法

管道沿柱子安装时，可用抱柱法安装支架。做法是把柱上的安装坡度线用水平尺引至柱子侧面，弹出水平线作为抱柱托架端面的安装标高线，用两条双头螺栓把托架紧固于柱子上。托架安装一定要保持水平，螺母应紧固。

第四章　市政给排水管道管理与维护

第一节　管道及设备的防腐与保温

一、管道及设备的防腐

（一）常用油漆涂料的选用

油漆涂料一般使用在明装管道及设备上，既能防止腐蚀，又有装饰及标志作用。涂刷油漆涂料防腐蚀原理是靠油漆膜将空气、水分、腐蚀介质等隔离开，从而保护管道及设备表面不受腐蚀。

油漆是一种有机高分子胶体混合物的溶液，主要由成膜物质、溶剂（或稀释剂）、颜料（或填料）三部分组成。成膜物质实际上是一种胶黏剂，是油漆的基础材料，它的作用是将颜料或填料黏结融合在一起，以形成牢固附着在物体表面的漆膜。溶剂（或稀释剂）是一种挥发性液体，它的作用是溶解和稀释成膜物质。颜料（或填料）是粉状的，它的作用是增加漆膜厚度和提高漆膜的耐磨、耐热和耐化学腐蚀性能。

油漆的品种繁多，性能各不相同。按施工顺序主要分为底层漆和面层漆。底层漆打底应采用附着力强并且有良好防腐性能的油漆。面层漆罩面用来保护底层漆不受损伤，并能使金属材料表面颜色符合设计和规范规定。

常用的油漆涂料，按其是否加入固体材料（颜料和填料）分为不加固体材料的清油、清漆和加固体材料的各种颜色涂料。

1. 管道涂料防腐

室内和地沟内的管道及设备防腐，所采用的色漆应选用各色油性调和漆、各色酚醛磁漆、各色醇酸磁漆，以及各色耐酸漆、防腐漆等。对半通行或不通行地沟内的管道的绝热层，其外表面应涂刷具有一定防潮耐水性能的沥青冷底子油或各色酚醛磁漆、各色醇酸磁漆等。

室外管道绝热保护层防腐，应选用耐气候性好并具有一定防水性能的涂料。绝热保护层采用非金属材料时，应涂刷两道各色酚醛磁漆或各色醇酸磁漆，也可先涂刷一道沥青冷底子油，再刷两道沥青漆。当采用薄钢板做绝热保护层时，在薄钢板内外表面应先刷两道红丹防锈漆，其外表面再涂两道色漆。

2. 明装管道及设备涂料防腐层

明装管道及设备的涂料品种选择，主要根据其所处周围环境来确定涂层类别。

室内及通行地沟内明装管道及设备，一般先涂刷两道红丹油性防锈漆或红丹酚醛防锈漆，外面再涂刷两道各色油性调合漆或各色磁漆。

室外明装管道及设备、半通行和不通行地沟内的明装管道，以及室内的冷水管道，应选用具有一定防潮耐水性能的涂料。其底漆可用红丹酚醛防锈漆，面漆可用各色酚醛磁漆、各色醇酸磁漆或沥青漆。

3. 面漆选择

管道内介质品类繁多，目前还没有对各种介质管道制定统一的涂色规定。室内明装给水排水管道面漆一般刷两道银粉漆。色环涂刷宽度外径小于150mm，为50mm；外径在150～300mm范围，为70mm；外径大于300mm，为100mm。

色环与色环之间的距离视具体情况掌握，以分布匀称、便于观察为原则。除管道弯头及穿墙处必须加色环外，一般直管段上环间距离保持5m左右为宜。

管道上还应涂上表示介质流动方向的箭头。有两个方向流动可能时，应标出两个相反方向的箭头。箭头一般漆成白色或黄色，底色浅者则漆深色箭头。

（二）油漆涂料施工

涂刷底层漆或面层漆应根据需要决定每层涂膜厚度，一般可涂刷一遍或多遍。多遍涂刷时必须在前一遍油漆干燥后进行，涂刷第一遍底漆时要用劲刷，必须使油漆全部覆盖金属表面。油漆涂刷的厚度应均匀，不应刷得太厚，不得有脱皮、起泡、流淌和漏涂现象。

涂料施工的环境空气必须清洁，无煤烟、灰尘及水汽。环境温度宜在15～35℃，相对湿度在70％以下。室外涂料遇雨、降露时应停止施工。涂料施工的方式有下述两种。

1. 手工涂刷

手工涂刷是用油漆刷，自上而下，从左至右，先里后外，先斜后直，先难后易，纵横交错地进行。手工涂刷应分层涂刷，每层应往复进行，并保持涂层均匀，不得漏涂（快干性漆不宜采用刷涂）。该方法操作简单，适应性强，但效率低，涂刷质量受操作者技术水平的影响较大。

2. 机械喷涂

采用的工具为喷枪，以压缩空气为动力。这种方法是用喷枪的压缩空气通过喷嘴时产生高速气流，将漆罐内漆液混合成雾状，喷涂于物体表面。喷射的漆流和喷漆面垂直，喷漆面为平面时，喷嘴与喷漆面应相距250～350mm；喷漆面如为圆弧面，喷嘴与喷漆面的距离应为400mm左右。喷涂时，喷嘴的移动速度应均匀，宜保持在10～18m/min。喷漆使用的压缩空气压力为0.2～0.4MPa。这种方法的效率高，漆膜厚薄均匀，表面平整，适合用于大面积物体表面的油漆涂刷。刷漆的方法还有滚涂、浸涂、高压喷涂等。

（三）埋地金属管道的防腐

为了减少管道系统与地下土接触部分的金属腐蚀，管材的外表面必须按要求进行防腐，铺设在腐蚀性土中的室外直接埋地的管道应根据腐蚀性程度选择不同等级的防腐层。

1. 沥青

沥青是一种有机胶结构，主要成分是复杂的高分子烃类混合物及含硫、含氮的衍生物。它具有良好的黏结性、不透水性和不导电性，能抵抗稀酸、稀碱、盐、水和土壤的侵蚀，但不耐氧化剂和有机溶液的腐蚀，耐气候性也不强。它价格低廉，是地下管道最主要的防腐涂料。

沥青有两大类：石油沥青和煤沥青。

石油沥青有天然石油沥青和炼油沥青。天然石油沥青是在石油产地天然存在的或从含有沥青的岩石中提炼而得；炼油沥青则是在提炼石油时得到的残渣，经过继续蒸馏或氧化后而得。在防腐过程中，一般采用建筑石油沥青和普通石油沥青。

煤沥青又称煤焦油沥青、柏油，是由烟煤炼制焦炭或制取煤气时干馏所挥发的物质中冷凝出来的黑色黏性液体，经过进一步蒸馏加工提炼所剩的残渣而得。煤沥青对温度变化敏感，软化点低，低温时性脆，其最大的缺点是有毒，因此一般不直接用于工程防腐。

沥青的性质是用针入度、伸长度、软化点等指标来表示的。针入度反映沥青软硬稀稠的程度：针入度越小，沥青越硬，稠度就越大，施工就越不方便，老化就越快，耐久性就越差。伸长度反映沥青塑性的大小：伸长度越大，塑性越好，越不易脆裂。软化点表示固体沥青熔化时的温度：软化点越低，固体沥青熔化时的温度就越低。防腐沥青要求的软化点应根据管道的工作温度而定。软化点太高，施工时不易熔化；软化点太低，则热稳定性差。

在管道及设备的防腐工程中，常用的沥青型号有30号甲、30号乙、10号建筑石油沥青和75号、65号、55号普通石油沥青。

2. 防腐层结构及施工方法

埋地管道腐蚀的强弱主要取决于土的性质。根据土腐蚀性质的不同，可将防腐层结构分为普通防腐层（三油二布一薄膜）、加强防腐层（四油三布一薄膜）、特加强防腐层（五油四布一薄膜）三种，应根据土腐蚀等级、选用防腐材料种类、防腐设计规定等因素来选用。

石油沥青涂料防腐绝缘层施工应符合这些规定：涂底漆时基面应干燥，基面除锈后与涂底漆的间隔时间不得超过 8h。应涂刷均匀、饱满，不得有凝固、起泡现象，底漆厚度为 0.1～0.2mm，管两端 150～250mm 范围内不得涂刷。沥青涂料应涂刷在洁净、干燥底漆上，常温下涂刷沥青涂料时，应在涂刷底漆后 24h 之内实施。涂沥青涂料后立即缠绕玻璃布，玻璃布的压边宽度应为 30～40mm，接头搭接长度不得小于 100mm，各层搭接接头应相互错开，管端或施工中断处应留出长 150～250mm 的阶梯形接槎，阶梯宽度应为 50mm。包扎聚氯乙烯工业薄膜保护层时不得有褶皱、脱壳现象，压边宽度应为 30～40mm，搭接长度应为 100～150mm。沟槽内管道接口处施工应在焊接、试压合格后进行，接槎处应粘接牢固、严密。

环氧煤沥青涂料防腐绝缘层施工的底漆应在基面除锈后的 8h 之内涂刷，涂刷应均匀，不得漏刷，管两端 150～250mm 范围内不得涂刷。面漆涂刷和包扎玻璃布应在底漆表干后进行，底漆与第一道面漆涂刷的间隔时间不得超过 24h。

调制冷底子油用 30 号甲建筑石油沥青，熬制前，将沥青敲碎成 1.5kg 以下的小块，放入干净的沥青锅中，逐步升温和搅拌，并使温度保持在 180～200℃（不得超过 220℃），连续熬制 1.5～2.5h，直到不产生气泡，即表示脱水完毕。待脱水完毕后的沥青温度降至 100～120℃时，按配合比将沥青缓缓地倒入已称量过的无铅汽油中，并不断搅拌到完全均匀混合为止。

采用机械法或酸洗法除去管子表面上的污垢、灰尘和铁锈后，在 24h 内应在干燥洁净的管壁上涂刷冷底子油。涂时应保持涂层均匀，油层厚度为 0.1～0.15mm。

（四）钢管和铸铁管防腐

埋设在地下的钢管和铸铁管很容易腐蚀，为了延长管子的使用寿命，应在管内设置衬里材料。根据介质的种类，设置各种不同的衬里材料，如橡胶、塑料、玻璃钢、涂料等，其中以橡胶衬里和水泥砂浆为最常用。

1. 橡胶衬里

(1) 衬胶管道的性能

橡胶具有较强的耐化学腐蚀能力，除可被强氧化剂（硝酸、浓硫酸及过氧化氢等）及有机溶剂破坏外，对大多数的无机酸、有机酸及各种盐类、醇类等都是耐腐蚀的，可作为金属设备、管道的衬里。根据管内输送介质的不同及具体的使用条件，衬以不同种类的橡胶。衬胶管道一般适用于输送0.6MPa以下和50℃以下的介质。

根据橡胶含硫量的不同，橡胶可分为软橡胶、半硬橡胶和硬橡胶。软橡胶含硫量为2%～4%，半硬橡胶含硫量为12%～20%，硬橡胶含硫量为20%～30%。

橡胶的理论耐热度为80℃，如果在温度作用时间不长时，也能耐较高的温度（常达到100℃），但灼热空气长期作用会使橡胶老化。橡胶还具有较高耐磨性，适宜做泵和管子的衬里材料，可输送含有大量悬浮物的液体。

在化学耐腐蚀性方面，硬橡胶比软橡胶性能强，而且硬橡胶比软橡胶更不易氧化，膨胀变形也小。硬橡胶比软橡胶的抵抗气体透过性强，因此工作介质为气体时，宜以硬橡胶做衬里；当衬胶层工作温度不变，机械作用不大时，宜采用硬橡胶。采取橡胶衬里管材通常为碳素钢管。

(2) 衬胶管道的安装

防腐蚀衬胶管道全部用法兰连接，弯头、三通、四通等管件均制成法兰式。预制好的法兰管及法兰管件、法兰阀件均编号，打上钢印，按图安装。法兰间需预留衬里厚度和垫片厚度，用厚垫片或多层垫片垫好，将管子管件连接起来，安装到支架上。

衬胶管道安装好后，需做水压试验。试验压力为0.3～0.6MPa，历时15min，水压表指示值不下降则为合格，然后拆下来送到橡胶制品厂进行衬里。防腐衬胶管道的第一次安装装配不允许强制对口硬装，否则衬胶后可能安装不上。因此，要求尺寸准确，合理安装。

2. 水泥砂浆衬里

水泥砂浆衬里适用于生活饮用水和常温工业用水的输水钢管、铸铁管道和储水罐的内壁防腐蚀。

水泥砂浆衬里常采取喷涂法施工。衬里用的水泥砂浆应混合得十分均匀，且搅拌时间不宜超过10min，其质量配合比为水泥：砂：水＝1.0∶1.5∶0.32。水泥砂浆衬里厚度与管径有关，厚度为5～9mm不等。水泥砂浆衬里的质量，应达到表面无脱落、孔洞和凸起的最低标准。

3. 衬玻璃管道

衬玻璃管道是采用一定方法将玻璃衬在金属管内壁，以弥补管道强度不高的缺点。

玻璃具有良好的耐腐蚀性特点，但它的耐热稳定性和强度较差，如把它衬到赤红的钢管里，由于钢管冷却收缩，就会使玻璃处在应力状态下，借助压应力的作用和底釉的作用，使玻璃和铁胎紧密地结合在一起，形成一体，这样就提高了衬玻璃管的耐热稳定性和机械强度。衬玻璃的方法有吹制法衬玻璃、膨胀法衬玻璃及喷涂法衬玻璃。

4. 衬搪瓷管道

搪瓷管道是由含硅量高的瓷釉通过900℃的高温煅烧，使瓷釉紧密附着在金属胎表面而制成的。瓷釉的厚度一般为0.8～1.5mm。由于瓷釉是一种很好的耐腐蚀材料，所以搪瓷管道具有优良的耐腐蚀性能，还具有良好的机械性能，因此能防止某些介质与金属离子起作用而污染物品。它广泛应用在石油化工、医药、农药、合成材料等生产中。

搪瓷管道除有优良的耐腐蚀性能外，还有一定的热传导性能，能耐一定的压力和较高的温度，有良好的耐磨性能和电绝缘性能。同时搪瓷表面很光滑，不易挂料，适用于物料洁净的场合。

搪瓷管道性能主要取决于瓷釉，搪瓷管道的耐温及耐压性能瓷釉与钢铁的热膨胀系数不同，搪瓷厚的管道在冷热温度的作用下，瓷釉和钢铁之间可能会产生内应力。搪瓷管道一般在缓慢加热或冷却条件下，使用温度为－30～270℃，但与使用条件（如腐蚀性介质成分、浓度、加热条件等）、制造质量等因素有关。搪瓷管道耐温急变性较差，耐冷冲击（瓷层从热突然受冷）容许温度差小于110℃，耐热冲击（瓷层从冷突然受热）容许温度差小于120℃。其容许温度差与使用温度、使用压力、规格尺寸等因素有关。为了延长搪瓷管道的使用寿命，应避免冷热冲击。

搪瓷管道的使用压力主要取决于钢板的强度、管道的密封性及制造工艺水平。一般管内使用压力为0.25～1MPa，目前高压管道已达到5MPa。

搪瓷管道具有良好的耐腐蚀性能，除了氢氟酸、含氟离子的介质、温度大于180℃的浓磷酸、温度大于150℃的盐酸及强碱外，它还能耐各种浓度的无机酸、有机酸、弱碱及有机溶剂。尤其是在盐酸（常温）、硫酸、硝酸等介质中，具有优良的耐腐蚀性能。从某种意义上说，它优于不锈钢等贵重金属，从耐有机溶剂及使用温度上考虑，它优于工程塑料。

搪瓷管道用金属胎一般多采用低碳素钢管，也可用铸铁管。金属胎材料选择恰当与否，直接影响搪瓷质量。钢管的内表面必须平整，不允许有明显的伤疤、麻点、裂缝、氧化皮及夹渣等缺陷。搪瓷用的铸铁管要求组织结构致密，不允许有粗大的分散石墨、气泡、孔隙、裂纹等缺陷。防腐蚀衬里管道的搬运应小心谨慎，防止碰撞和振动，以免损坏衬里。已经做好的衬里管道及其附件应在5～30℃的室内存放，室内应整洁、干净，无有害物质。搪瓷管道安装前应检查管段、配件的数量和质量，特别是要检查衬里的完整情况。

二、管道及设备的保温

绝热包括保温和保冷。绝热是减少系统热量向外传递（保温）和外部热量传入系统（保冷）而采取的一种工艺措施。

保温和保冷是不同的，保冷的要求比保温高但往往二者并不严格区分，习惯上统称为保温。在建筑物内部给水排水系统中常常涉及保温。

保温的主要目的是减少冷、热量的损失，节约能源，提高系统运行的经济性。此外，对于蒸汽和热水设备以及管道，保温后能改善劳动条件，并能避免或保护运行操作人员不被烫伤，实现安全生产。对于低温设备和管道（如制冷系统）保温能提高外表面的温度，避免在外表面上结露或结霜，也可以避免人的皮肤与之接触受冻。对于高寒地区的室外回水或给水排水管道，保温能防止水管冻结。由此可见，保温对节约能源、提高系统运行的经济性、改善劳动条件和防止意外事故的发生都具有非常重要的意义。

（一）保温材料选用

保温材料要求导热系数小，密度在400kg/m^{3}以下；具有一定的强度，一般应能承受0.3MPa以上的压力；能耐一定的温度；对潮湿、水分的侵蚀有一定的抵抗力；不应含有腐蚀性的物质；造价低，不易燃，便于施工；保温材料如用涂抹法施工时，要求与管道有一定的黏结力。

在实际工程中，一种材料全部满足上述要求是很困难的，这就需要根据具体情况具体分析、比较，选择最有利的保温材料。低温系统应首先考虑保温材料密度小、导热系数小、吸湿率小等特点；高温系统则应着重考虑材料在高温下的热稳定性。在大型工程项目中，保温材料的需要量和品种规格都较多，还应考虑材料的价格、货源及减少品种规格等。对于在运行中有振动的管道或设备，宜选用强度较好的保温材料及管壳，以免长期受振使材料破碎；对于间歇运行的系统，还应考虑选用热容量小的材料。

目前，保温材料的种类很多，比较常用的保温材料有岩棉、玻璃棉、矿渣棉、珍珠岩、硅藻土、石棉水泥等类材料及碳化软木、聚苯乙烯泡沫塑料、聚氨酯泡沫塑料、泡沫玻璃、泡沫石棉、铝箔、不锈钢箱等。各厂家生产的同一保温材料的性能均有所不同，选用时应对照厂家的产品样本或使用说明书中所给的技术数据。

（二）保温结构及施工方法

1. 一般规定

（1）管道保温工程应符合设计要求。一般保温结构由防锈层、保温层、防潮层、保护层、防腐蚀及识别标志等组成，并按顺序进行施工。

（2）管道保温施工应在管道试压及涂漆合格后进行。施工前必须先清除管道表面脏物及铁锈，再涂刷两遍防锈漆，防锈油漆应采用防锈能力强的油漆，并保持管道外表面的清洁干燥。冬、雨期施工应有防冻、防雨措施。

（3）保温层是保温结构的主要部分，所用保温材料及保温层厚度应符合设计要求。保温层施工一般应单独进行。

（4）非水平管道的保温工程施工应自下而上进行。防潮层、保护层搭接时，其宽度应为30～50mm。

（5）保温层毡的环缝和纵缝接头间不得有空隙，其捆扎的镀锌钢丝或箍带间距为150～200mm。疏松的毡制品宜分层施工，并扎紧。

（6）阀门或法兰处的保温施工，当有热紧或冷紧要求时，应在管道热、冷紧完毕后进行。保温层结构应易于拆装，法兰一侧应留有螺栓长度加25mm的空隙。

（7）防潮层所用材料有沥青及沥青油毡、玻璃丝布、聚乙烯薄膜等，可以防止水蒸气或雨水渗入保温材料，以保证材料良好的保温效果和使用寿命。油毡防潮层应搭接，搭接宽度为30～50mm，缝口朝下，并用沥青玛蹄脂黏结密封，每300mm捆扎镀锌钢丝或箍带一道。玻璃丝布防潮层应搭接，搭接宽度为30～50mm，应粘贴于涂有3mm厚的沥青玛蹄脂的绝缘层上，玻璃丝布外再涂上3mm厚的沥青玛蹄脂。

（8）防潮层应完整严密，厚度均匀，无气孔、鼓泡或开裂等缺陷。

（9）保温层上采用石棉水泥保护层时，应有镀锌钢丝网。保护层抹面应分两次进行，要求平整、圆滑，端部棱角整齐，无显著裂缝。

（10）保护层一般采用石棉石膏、石棉水泥、金属薄板及玻璃丝布等材料，主要是保护保温层或防潮层不受机械损伤。

(11) 防腐层及识别标志一般用油漆直接涂刷于保护层上，以防止或保护保护层不受腐蚀，同时起识别管内流动介质的作用。

(12) 缠绕式保护层，重叠部分为其带宽的1/2。缠绕时应裹紧，不得有松脱、翻边、皱褶和鼓包，起点和终点必须用镀锌钢丝捆扎牢固，并密封。

(13) 金属保护层应压边、箍紧，不得有脱壳或凸凹不平现象，其环缝和纵缝应搭接或咬口，缝口应朝下，用自攻螺钉紧固时，不得刺破防潮层。螺钉间距不应大于200mm，保护层端头应封闭。

2. 管道保温施工

(1) 保温结构的组成

管道保温结构由绝热层、防潮层和保护层三部分组成。

绝热层是保温结构的主体部分，可根据介质的温度、材料供应、施工条件来选择绝热材料。

防潮层的作用是使绝热层不受潮，其包扎在绝热层外，地沟、直埋供热管道均需做防潮层。常用的防潮层材料有沥青胶或防水冷胶料玻璃布防潮层、沥青玛蹄脂玻璃布防潮层、聚氯乙烯膜防潮层、石油沥青油毡防潮层等。

保护层具有保护绝热层和防水的性能，且要求其质量轻、耐压强度高、化学稳定性好、不易燃烧、外形美观等。常用的保护层有金属保护层（如镀锌钢板、铝合金板、不锈钢板等）、包扎式复合保护层（如玻璃布、改性沥青油毡等）、涂抹式保护层（如石棉水泥、沥青胶泥等）。

(2) 保温结构施工

管道保温结构的施工方法有涂抹法、绑扎法、缠绕法、填充法、粘贴法、套筒法、浇灌法、喷涂法等。

①涂抹法

采用如膨胀珍珠岩、石棉纤维等不定型的绝热材料，加入胶粘剂（如水泥、水玻璃等），按一定的配料比例加水拌和成塑性泥团，用手或工具涂抹到管道表面上即可，每层涂料厚度为10～20mm，直至达到设计要求的厚度为止，但必须在前一层完全干燥后再涂抹下一层。

当管道内介质温度超过100℃时，可采用草绳胶泥结构，先在管道上缠一层草绳，再在草绳上涂抹胶泥，接着再缠一层草绳，再涂抹胶泥，直至达到设计要求的厚度为止。

涂抹结构在干燥后即变成整体硬结材料，因此每隔一定距离应留有热胀补偿缝，当管内介质温度不超过100℃时，补偿缝间距为7m左右，缝隙为5mm；当管内介质温度超过300℃时，补偿缝间距为5m，缝隙为20mm，缝隙内应填石棉绳。

②绑扎法

将成型布状或毡状的管壳、管筒或弧形毡直接包覆在管道上，再用镀锌这种绝热材料覆盖。绑扎法需按管径大小，分别用1.2～2.0mm的镀锌钢丝绑扎固定。对于软质、半硬质材料厚度的要求在80mm以上时，应采用分层绝热结构。分层施工时，第一层和第二层的纵缝和横缝均应错开，且其水平管道的绝热层纵缝应布置在管道轴线的左右侧，而不应布置在上下侧。

③缠绕法

缠绕法用于小直径管道，采用绝热材料，如石棉绳、石棉布、高硅氧绳和铝箔进行缠绕。缠绕时每圈要彼此靠紧，以防松动。缠绕的起止端要用镀锌钢丝扎牢，外层一般以玻璃丝布包缠后涂漆。

④填充法

填充法是用钢筋或扁钢做一个支撑环套在管道上，在支撑环外面包扎镀锌钢丝网，中间填充散状绝热材料。施工时，应根据管径的大小及绝热层厚度，预先做好支撑环套在管子上，其间距一般为300～500mm，然后再包钢丝网，在上面留有开口，以便填充绝热材料，最后用镀锌钢丝网缝合，在外面再做保护层。

⑤粘贴法

将胶粘剂涂刷在管壁上，将绝热材料粘贴上去，再用胶粘剂代替对缝灰浆勾缝黏结，然后加设保护层，保护层可采用金属保护壳或缠玻璃丝布。

⑥套筒法

套筒法绝热是将矿纤材料加工成型的保温筒直接套在管子上，施工时，只要将保温筒上轴向切口扒开，借助矿纤材料的弹性便可将保温筒紧紧套在管子上。

⑦浇灌法

浇灌法的绝热结构分有模浇灌和无模浇灌两种，浇灌用的绝热材料大多用泡沫混凝土，浇灌时多采用分层浇灌的方式，根据设计绝热层厚度分2～3次浇灌，浇灌前应将管子的防锈漆面上涂一层机油，以保证管子的自由伸缩。

⑧喷涂法

喷涂法适用于现场发泡的聚氨酯泡沫塑料，喷涂时可先在管外做一个绝热层外壳，然后喷涂成型。管道直埋铺设常采用这种方法。

(3) 预制装配式保温结构

预制块保温是将预制成的半圆形管壳、弧形瓦或板块保温材料拼装覆盖于管道上，用钢丝捆扎。它适用于水泥珍珠岩、超细玻璃棉、玻璃棉、水泥细石等能预制成型的保温材料。它是由工厂预制而成，因施工方便、保证质量、机械强度好而被广泛采用。但因拼装时有纵横接缝，易导致热损失；预制件在搬运和施工过程中易损耗，异形表面的保温施工难度大等。

为了使保温材料与管壁紧密结合，保温材料与保温面之间应涂抹一层3～5mm厚的石棉粉或石棉硅藻土胶泥，然后将保温材料拼装，绑扎在保温面上。对弯头的保温应将保温制品切割成虾米弯进行小块拼装。保温材料拼装时应将接缝错开，多层拼装时应交错盖缝。接缝间应严密或在接缝处用胶泥填塞，胶泥应用与保温材料性能接近的材料配制。

绑扎保温材料一般采用18～20号钢丝，绑扎间距不应超过300mm，并且每块保温制成品至少应绑扎两处，每处绑扎的钢丝不应少于两道，其接头应放在保温制品的接缝处，以便将接头嵌入接缝内。

（4）缠包式保温结构

缠包式保温是将卷状的软质保温材料包扎一层或几层缠包于管道上，一般用矿渣棉毡或玻璃棉毡作为保温材料。这种保温方法施工简单，修补方便、耐振动。但棉毡等材料的弹性大，很难做成坚固的保护层，因而易产生裂缝，使棉毡受潮，增大热损失。施工可以采用螺旋状包缠或对缝平包把保温材料包扎在管道上。施工时，先按管子的外圆周长加上搭接宽度，把矿渣棉毡或玻璃棉毡剪成适当的条块，再把这种条块缠包在已涂刷过两道防锈漆的管子上。包裹时应将棉毡压紧，使矿渣棉毡的密度不小于150～200kg/m^3，玻璃棉毡的密度不小于130～160kg/m^3，以减少它们在运行期间的压缩变形。如果一层棉毡的厚度达不到规定的保温厚度，可以使用两层或三层棉毡分层缠包。

棉毡的横向接缝必须紧密结合，如有缝隙应用矿渣棉或玻璃棉填塞；棉毡的纵向接缝应放在管子的顶部，搭接宽度为50～300mm，可根据保温层外径的大小确定。保温层外径如小于500mm，棉毡外面可用直径1～1.4mm的镀锌钢丝捆扎，间隔为150～200mm。保温层外径大于500mm时，除用镀锌钢丝捆扎外，还应用网孔30mm×30mm的镀锌钢丝网包扎。

（5）充填式保温结构

充填法保温是将不定型的松散状保温材料充填于四周由支承环和镀锌钢丝网等组成的网笼空间内，适用于矿渣棉、玻璃棉、超细玻璃棉等保温材料。这种保温方法所用散状材料质量轻、导热系数小、保温效果好，支承环和外包钢丝网笼不易开裂。但施工麻烦，消耗金属且增加了额外热损失，同时结构要用大量支承环，制作耗费时间。施工时保温材料的粉末四处飞扬，影响操作人员的身体健康，因此在热力管道保温中较少采用，常用于制冷管道的保温。此外，铝管道多采用充填式保温结构，支承环焊接到支承角钢上。

（6）浇灌式保温结构

浇灌式保温结构一般用于不通行地沟内或无沟地下敷设的热力管道，分为有模浇灌和无模浇灌两种。浇灌用的保温材料大多用泡沫混凝土。浇灌前，需先在管子的防锈漆面上涂抹一层机油，以保证管子的自由伸缩。

（7）阀门的保温结构

阀门的保温结构有涂抹式或捆扎式两种形式。

涂抹式保温是将湿保温材料直接涂抹在阀体上，所用的保温材料及涂抹方法与管道保温相同。在保温层的外面，用网孔为 50mm×50mm 的镀锌钢丝网覆盖，钢丝网外面涂抹石棉水泥保护壳，做法与管道保温相同。

捆扎式保温是用玻璃丝布或石棉布缝制成软垫，内填装玻璃棉或矿渣棉，填装保温材料后的软垫厚度等于所需保温层的厚度。施工时将这种软垫包在阀体上，外面用 1～1.6mm 的镀锌钢丝或直径为 3～10mm 的玻璃纤维绳捆扎。

除了上述保温方法外还有套筒式保温、粘贴法保温、贴钉法保温等。不管采用什么保温方法，在施工时应符合下述要求：

管道保温材料应粘贴紧密、表面平整、圆弧均匀、无环形断裂、绑扎牢固。保温层厚度应符合设计要求，厚度应均匀，允许偏差为－10％～＋5％。

垂直管道做保温时，应根据保温材料的密度和抗压强度，设置支撑托板。一般按 3～5m 设置一个，支撑托板应焊在管壁上，其位置应在立管支架的上部 200mm 处。

保温管道的支架处应留膨胀伸缩缝。用保温瓦或保温后呈硬质的材料保温时，在直线段上每隔 5～7m 应留 1 条间隙为 5mm 的膨胀缝，在弯管处管径不大于 300mm 时应留一条 20～30mm 的膨胀缝。膨胀伸缩缝和膨胀缝需用柔性保温材料（石棉绳或玻璃棉）填充。

3. 防潮层施工

对于保冷结构和铺设于室外的保温管道，需设置防潮层。防潮层的材料主要有两种：一种是以沥青为主的防潮材料，另一种是聚乙烯薄膜防潮材料。施工时应将防潮材料用胶粘剂粘贴在保温层面上。

以沥青为主体材料的防潮层有两种结构和施工方法。一种是用沥青或沥青玛蹄脂粘沥青油毡；一种是以玻璃丝布作胎料，两面涂刷沥青或沥青玛蹄脂。沥青油毡因其过分卷折会断裂，只能用于平面或较大直径管道的防潮，而玻璃丝布能用于任意形状的粘贴，故应用广泛。

以聚乙烯薄膜作防潮层可以直接将薄膜用胶粘剂粘贴在保温层的表面，施工方便。但由于胶粘剂价格较贵，此法应用尚不广泛。以沥青为主体材料的防潮层施工是先将材料剪裁下来，对于油毡多采用单块包裹法施工，因此油毡剪裁的长度为保温层外圆周长加搭接宽度（搭接宽度一般为 30～50mm）。对于玻璃丝布，一般采用包缠法施工，即以螺旋状包缠于管道或设备的保温层外面，因此需将玻璃丝布剪成条带状，其宽度视保温层直径的大小而定。

4. 保护层施工

用作保护层的材料很多，使用时应随使用的地点和所处的条件，经技术经济比较后决定。材料不同，其结构和施工方法亦不同。保护层常用的材料和形式有沥青油毡加玻璃丝布构成的保护层、用玻璃丝布缠包的保护层、石棉石膏或石棉水泥保护层、金属薄板加工的保护壳等。

（1）沥青油毡加玻璃丝布构成的保护层

先将沥青油毡按保温层或加上防潮层厚度加搭接长度（搭接长度一般为 50mm）剪裁成块状，然后将油毡包裹到管道上，外面用镀锌钢丝捆扎，其间距为 250～300mm。包裹油毡时，应自下而上进行，油毡的纵横向搭接长度为 50mm，纵向接缝应设在管道的侧面，并且接口向下。油毡包裹在管道上后，外面用购置的或剪裁下来的带状玻璃丝布以螺旋状缠包到油毡的外面。每圈搭接的宽度为条带的 1/2～1/3，开头处应缠包两圈后再以螺旋状向前缠包，起点和终点都应用镀锌钢丝捆扎，且不得少于两圈。缠包后的玻璃丝布应平整无皱纹、气泡，且松紧适当。

油毡和玻璃丝布构成的保护层一般用于室外铺设的管道，玻璃丝布表面根据需要还应涂刷一层耐气候变化的涂料或管道识别标志。

(2) 用玻璃丝布缠包的保护层

用玻璃丝布缠包于保温层或防潮层外面作保护层的施工方法同前，多用于室内架空及不易碰撞的管道。对于未设防潮层而又处于潮湿空气中的管道，为防止保温材料受潮，可先在保温层上涂刷一层沥青或沥青玛蹄脂，然后将玻璃丝布缠包在管道上。

(3) 石棉石膏及石棉水泥保护层

石棉石膏及石棉水泥保护层一般适用于室外及有防火要求的非矿纤材料保温管道，施工方法一般为涂抹法。施工时先将石棉石膏或石棉水泥按一定的比例用水调配成胶泥，如保温层（或防潮层）的外径小于200mm时，则将调配的胶泥直接涂抹在保温层或防潮层上；如果其外径不小于200mm，还应在保温层或防潮层外先用镀锌钢丝网包裹加强，并用镀锌钢丝将纵向接缝处缝合拉紧，然后将胶泥涂抹在镀锌钢丝网的外面。当保温层或防潮层的外径不大于500mm时，保护层的厚度为10mm；大于500mm时，厚度为15mm。

涂抹保护层时，一般分两次进行，第一次粗抹，第二次精抹。粗抹的厚度为设计厚度的1/3左右，胶泥可干一些，待粗抹的胶泥凝固稍干后，再进行第二次精抹。精抹的胶泥应适当稀一些，精抹必须保证厚度符合设计要求，且表面光滑平整，不得有明显的裂纹。

为防止保护层在冷热应力的影响下产生裂缝，可在第二遍涂抹的胶泥未干时将玻璃丝布以螺旋状在保护层上缠包一遍，搭接的宽度可为10mm。保护层干后则玻璃丝布与胶泥结成一体。

(4) 金属薄板保护壳

作保温结构保护壳的金属薄板一般为薄钢板和薄铝板，其厚度根据保护层直径而定。一般直径不大于1000mm时，厚度为0.5mm；直径大于 1000mm 时，厚度为 0.8mm。

金属薄板保护壳应事先根据使用对象的形状和连接方式用手工或机械加工好，然后才能安装到保温层或防潮层表面上。

金属薄板加工成保护壳后，凡用薄钢板制作的保护壳应在内外表面涂刷一层防锈漆后方可进行安装。安装保护壳时，应将其紧贴在保温层或防潮层上，纵横向接口搭接量一般为 30～40mm，所有接缝必须有利于雨水排除，安装时纵缝接口应朝下，接缝一般用自攻螺栓固定，其间距为 200mm 左右。用自攻螺栓固定时，应先用有 0.8 倍螺栓直径钻头的手提式电钻钻孔，禁止用冲孔或其他方式打孔。安装有防潮层的金属保护壳时，不能用自攻螺栓固定，可用镀锌薄钢板包扎固定，以防止自攻螺栓刺破防潮层。

金属保护壳因其价格较贵，并耗用钢材，仅用于部分室外管道及室内容易碰撞的管道和有防火、美观等特殊要求的地方。

第二节　室外给水系统的维护与修理

一、室外给水管道的管理与维护

（一）室外给水管网的管理

供水企业必须及时详细掌握管网现状资料，应建立完整的供水管网技术档案，并应逐步建立管网信息系统。

管网技术档案应包括管道的直径、材质、位置、接口形式及铺设年份、阀门、消火栓、泄水阀等主要配件的位置和特征，用户接水管的位置及直径，用户的主要特征、检漏记录、高峰时流量、阻力系数和管网改造结果等有关资料。

供水量大于 $20\times10^4 m^3/d$ 的城市供水企业，应对供水管网进行测定。应实施夏季高峰全面测压并绘制水等压线图。在每年夏季高峰时，宜对管网中主要管段测定流量。测定方法可采用插入式流量计或便携式超声波流量计。对管网中主要管段，每2～4年宜测定一次管道阻力系数。测定方法可利用管段测定流量装置和管段水头损失进行推算。

（二）室外给水管道的维护

供水企业应按计划做好管网改造工作。对DN275的管道，每年应安排不小于管道总长的1%进行改造；对DN250的支管，每年应安排不小于管道总长的2%进行改造。改造的重点应是漏水较频繁或造成影响较严重的管道。管网改造应因地制宜，可选用拆旧换新、刮管涂衬、管内衬软管、管内套管道等多种方式。新铺管道材质应按安全可靠性高、维修量少、管道寿命长、内壁阻力系数小、造价相对低的原则选择；除特殊管段外，接口应采用橡胶圈密封的柔性接口。

供水企业必须进行漏水检测，应及时发现漏水，修复漏水。企业可自建检漏队伍进行检漏，也可采取委托专业检漏单位定期检查为主、自检为辅的方式。城市供水企业管网基本漏损率不应大于12%。

要加强对管线、阀门及附件的巡检督察工作，要及时保养、维修。对阀门的连接处、密封部位及密合面等经常检查，及时维修。对管线上所有排气阀加强维护检查，建立必要的定期换阀检修制度。

要预防水锤产生破坏，严格执行操作规程并设置“水锤”防护装置，设置减压装置，避免超压运行。

要对供水进行合理调度，使给水管网的工作压力稳定在一定的范围内，从而避免因管网压力不稳而产生的爆管等现象。

要做好冬季管道防冻措施，在结冻并不严重的地区，主要在出水立管上缠扎稻草之类保温材料；在比较严重地区，可在立管周围用水泥或砖砌成防冻围井，井填稻糠或锯末之类的保温材料，也可用珍珠岩保温砖将出水立管包围防冻；严重时就要采取自动回水防冻水栓。同时要注意检查修复井室的井盖。

为了减少管内的沉积、锈蚀，应对管网进行经常性的冲洗。配合城市工程建设，提供准确的地下管网图，避免土方开挖时破坏管道，避免在输水干管附近进行强度大的施工，以防止大的振动使管道破裂而漏水。

（三）室外给水管道的检漏

合理利用水资源，降低城市供水成本，保证城市供水压力，必须加强城市供水管网漏损控制。降低漏损的主要措施是及时发现漏水和修复漏水。

常见的检漏方法有以下两种。

1. 观察法

属于被动检漏法，用于检查明漏，通过观察地面现象来判断漏水情况。如管道附近的地面或路面下沉或松动、地面积雪局部先融或有清水渗出，天晴时管道附近地面潮湿不干，或天旱时某处草木茂盛，排水窨井中有清水流出，均表示有漏水的可能。

2. 音听法（听漏法）

属于主动检漏法，用于检查暗漏，地下管道的检漏可用此法。该法是采用音听仪器寻找漏水声，并确定漏水地点的方法。检漏前应掌握被检查管道的有关资料，然后先用电子音听器（或听棒）在可接触点（如消火栓、阀门）听声，以初步判断该点附近是否有管道漏水，再应选择寂静时段（一般为深夜），在沿管段的地面上，每 1m 左右用音听器听声。检测的准确度与使用者操作的熟练程度和使用经验是分不开的，其依据是漏水产生振动的响声。当听到有漏水声时，可在周围多找几个点细听，一般声音大处，即是漏水点。听准后，打上记号，准备修理。当现场条件适合应用相关仪时，可用该仪器复核漏水点。

检漏工作技术流程可采用如下流程。

(1) 区域漏水状况评估

通常情况下根据掌握的资料对区域漏水状况进行评估，制订检漏计划。

(2) 漏水探测

环境调查、阀栓听声、路面听声、相关分析等。

（3）漏水点确认及定位

以钻探设备，通过漏水声在近距离高频进行漏水点的准确定位，要求不大于±1m。

（4）漏水量计量及修复

利用计量设备，对漏水量进行计量，并对漏点进行修复。

（5）漏水原因分析

针对漏点的管材、管径、埋深、形状、漏水量、漏水原因进行分析，并与图片一起存档。

（6）存档（电脑化管理）。

3. 相关分析检漏法

相关分析检漏法即在漏水管道两端放置传感器，利用漏水噪声传到两端传感器的时间差，推算漏水点位置的方法。使用的设备是相关仪，它不用依赖人的听力，只要输入现场条件（如管材、管径、两传感器之间距离），仪器会自动计算并确定漏水点位置，主要用于过河、过桥、穿越房屋的管道和绿化带、埋设较深的管道，有时也对漏水异常点进行校核、判断，两接触点之间的距离不大于200m且DN2400的金属管段宜采用此法。操作时要求两传感器必须直接接触管壁或阀门、消火栓等附属设备。

4. 区域检漏法

区域检漏法即在一定条件下测定小区内最低流量，以判断小区管网漏水量，并通过关闭区内阀门以确定漏水管段的方法。适用于居民区和深夜很少用水的地区，且区内管网阀门必须都能关闭严密。检测范围宜选择2～3km管长，或2000～5000户居民为一个检漏小区。检漏宜在深夜进行，应关闭所有进入该小区的阀门，留一条管径为DN50的旁通管使水进入该区，旁通管上安装连续测定流量计量仪表，精度应为1级表；当旁通管最低流量小于0.5～1.0m^3/（km·h）时，可认为符合要求，不再检漏。超过上述标准时，可关闭区内部分阀门进行对比，以确定漏水管段，然后用音听法确定漏水位置。用区域检漏法可找出稍多一些的漏水点，但该法投入较大，检测间隔周期较长。

5. 区域装表法

区域装表法是在检测区的进（出）水管上装置流量计，用进水总量和用水总量差，判断区内管网漏水的方法。为了减少装表和提高检测精度，测定期间该供水区域宜采用单管或两个管进水，其余与外区联系的阀门均关闭。进水管应安装水表，水表应有较高精度。检测时应同时抄录该用户水表和进水管水表，当二者差小于3%～5%时，可认为符合要求，不再检漏；当超过时，应采用区域检漏法或其他方法检漏以确定漏水点。

城市配水管网应主要靠主动检漏法。在漏水较频繁的城市或地区，巡检和居民报漏能及早发现明漏，是检漏的辅助措施。城市道路下的管道检漏宜以音听法为主，其他方法为辅。非道路下埋地且附近无河道和排水道的输水管道，可以被动检漏法为主，主动检漏法为辅。

二、室外给水管道的维修

（一）室外给水管道修理

钢管、铸铁管、PVC塑料管的修理方法参见室内给水管道修理。混凝土管的修理如下。

1. 承插接口漏水修理

承插口密封材料为油麻时，如接口局部泄漏，应将泄漏处两侧宽3cm、深5cm范围内的封口填料轻轻剔除，并注意不要振动不漏的部位，用水冲洗干净后再重新打油麻，捣实后再用青铅或水泥封口。泄漏范围超过圆周一半以上时，则要将封口填料全部挖出，重新打油麻和用青铅或水泥封口。用胶圈密封的接口，由于胶圈不严产生漏水时，可将柔性接口改为刚性接口，重新用石棉水泥打口封堵；若接口缝隙太小，可采用充填环氧砂浆，然后贴玻璃钢进行封堵；若接口漏水严重，不易修补，可用钢套管将整个接口包住，然后在腔内填自应力水泥砂浆封堵；如果接口漏水的修复是带水操作，一般采用柔性材料封堵的方法，操作时，先将特制的卡具固定在管身上，然后将柔性填料置于接口处，最后上紧卡具，使填料恰好堵死接口。

2. 管道有裂缝或砂眼

可用接管道套袖或防水水泥胶等堵漏剂堵漏的方法修理，但一般采用环氧砂浆修补的方法。环氧砂浆参考配合比为环氧树脂6101号或634号：丁二酯：乙二胺：水泥：砂＝100：20：8：（100～200）：（450～650）。修补时，先沿裂缝凿出1.5cm深、2cm宽的V形槽（如为砂眼时可先在砂眼处凿深1.5cm的小圆坑），使局部钢筋外露，槽长在裂缝两端各延伸10～15cm。之后吹净槽内尘土，使其表面坚固、清洁、干燥、无水和油污。用毛刷在待修补处先涂一层薄而匀的环氧胶粘剂（胶层下不得有气泡），在胶粘剂还发黏时，就用环氧砂浆填补缺槽。较大的裂缝，还可用包贴玻璃纤维布和贴钢板的方法堵漏，以增强环氧砂浆的抗裂能力。玻璃纤维布的大小与层数应视裂缝大小而定，一般为4～6层。严重损坏的管段，可在损坏部位管外焊制一钢套管，内填油麻及石棉水泥。

3. 换管修理

当管子无法修理或修理无效时，则应考虑换管修理。换管修理一般是将管子砸断取出另换铸铁管。

（二）室外给水管道结冰故障的处理

管道冻结后，轻则影响输水，重则产生管道冻裂事故。管道需先进行解冻处理，若发现管道已冻裂，则按前述方法进行修理。管道解冻可采用热水浇烫、蒸汽融化、浸油火烧、烫筋插入、喷灯火烤、电动解冻器等方法。下面介绍其中三种方法。

1. 热水浇烫

先准备足够的开水（2～3壶）从水嘴开始化开，把水嘴打开再逐步往下浇烫，应边敲管子边浇热水，直至水嘴有水流出来为止，管内的水流过一段时间后就会全部化开。

2. 烫筋插入

如果用一般方法不能解决，说明立管的地下部分也已冻结。这时应关闭阀门，将水嘴的弯头拧下来，把立管内地上部分已融化的冰水抽出来，然后把钢筋烧红，插入立管，热的钢筋就会边化边下沉。待钢筋不热时，换热钢筋再烫、反复几次即可化开。这时再上好水嘴，打开阀门。

3. 电动解冻器

电动解冻器是利用电阻发热的原理制成，是一个很实用的解冻装置，但使用电动解冻器必须有专职电工操作并严格执行安全用电操作要求。

（三）室外给水管道结垢的处理

管道结垢指金属管道受到腐蚀，内壁发生了沉积和锈垢。其危害主要是增加水头损失，影响通水能力和水质。管道结垢后，需及时冲洗干净。可采用水冲洗、水汽联合冲洗和机械刮管三种措施。经过冲洗和刮管后，要在管道内壁加涂保护层，一般采用水泥砂浆涂层。最好在埋设新管时，在工厂内喷涂完毕后再进行安装。

第三节　室外排水系统的维护与修理

一、室外排水管道的维护

为维持室外排水管道的水流畅通，保证排水管道能够正常工作，必须做好以下日常的维护工作。

(1) 经常检查排水检查井的井盖、井座是否损坏，损坏的应及时修复或更换。

(2) 经常检查排水管道，发现管道破损和渗漏等现象，应及时修理。

（3）定期检查排水沟渠、检查井及雨水井，了解淤塞情况及水流流速、充满度等情况，并定期清除淤泥和杂物。

（4）雨季前后或暴雨后对排水明沟、雨水口等作一次详细检查，并清理淤物、疏通管道。

（5）高寒地区检查井要作保温处理，防止冻结。

（6）加强对入网污水的监督管理，严格实行排水许可制度，禁止将不达标的污水排入城市排水管网，污水应进行局部处理并达标后才准许排入城市排水管网。

（7）加大市政设施的监察力度，坚决打击偷盗和破坏市政设施的犯罪行为，同时搞好宣传教育工作，杜绝乱接头、乱倒垃圾的不良现象。

二、室外排水管道的修理

（一）管道损坏漏水的修理

排水管维修方法主要分为明开挖法和非开挖法。明开挖维修就是将排水管道损坏处的路面挖开后进行维修，此方法施工技术简单，易于操作，适用于管道埋置较浅、管道损坏较严重的情况。但工期长，且施工时需考虑导流，对环境卫生及交通影响较大，不易于管道运行管理等。

非开挖维修方法是指不需要开挖路面便可对管道进行检查、维修的施工方法。其特点是施工工期短，对环境卫生、交通及邻近建筑物影响较小；对管道早期质量缺陷及时维修，能提高管道运行质量，延长使用寿命。非开挖维修方法可分为局部维修和管段维修。局部维修方法较常用，是对节口管道错缝及渗漏点等进行维修，主要有注浆法、注浆加固法和内交套环加固法（有时几种方法可同时使用）。管段维修是对连续的一段管道或窨井至窨井之间的一段管道进行维修，主要有内衬法、缠绕法、翻转法，其技术复杂、费用高、工期长、实际操作难度大，但可用于城市管网的改造。在管道养护中应及时发现局部质量问题，采用局部法维修，尽量避免采用管段维修方法。

局部维修操作过程如下：

（1）选取需维修的连续的三座检查井，在两个端井处采用气囊进行封堵，在中间检查井用泵抽出管内余水，并采用鼓风机向管道内鼓入新鲜空气，将废气排出。

（2）对管道接口错缝采用千斤顶进行校正，接口缝用沥青麻丝、石棉水泥塞实，对于排水管来说若发生接口错缝较大的情况，其管口外抹带或外套环也基本上被破坏，需采用内套环进行加固，将内套环加工成C形环，待安装到指定的接口处，再用电焊机将切口焊好。由于在管道内焊接不易操作，可采用斜钉将C形环钥固到管壁上，再进行防腐处理。

（3）对于管外壁探测的脱空或潜蚀部位，应用钻孔机或冲击钻将管壁钻穿，并用快硬水泥胶浆埋置注浆管，注浆管含有内丝，便于连接压浆管和待注浆完毕后用堵头进行封堵，把压力注浆机管与注浆管连接好压入已配制好的水泥浆体，并保持一定的压力和支荷时间，判断土体加固情况，管壁及接口需观察管道接口处浆体渗出的情况，判断处理效果。

（二）管道的疏通

排水管渠必须定期进行清通，以防管内沉积物过多，影响管道的输水能力，甚至堵塞管道。排水管道疏通一般有以下几种方法。

1. 竹劈疏通法

这是传统的疏通方法，使用竹劈来疏通管道。若单根竹劈不够长，可用钢丝将几节竹劈接起来使用，竹劈端头可包上锐形铁尖以保护端头并增加锐利。疏通时，应将检查井中的沉积物用钩勺掏清，然后将竹劈从上游检查井推入，来回进行抽拉。穿通后，在竹劈头上扎一团布或带刺钢丝，再来回拖拉竹劈，或将中间扎有刺钢丝球或麻布包的麻绳用竹劈牵引到下游的检查井，然后在两个检查井间将麻绳来回拉刷，可使管内沉积物松动，使其随水流冲走。此法工人劳动强度大，作业环境差，在井内操作的工人要戴防毒面具以免中毒。

2. 排水立管堵塞

堵塞处上部管道的污水无法向下排放，上面污水继续排放则水位上升，就会从堵塞处上部的最低用器具里溢出。若某层楼污水可照常排出，而该楼层以上各层污水均无法排放，且会从该楼层的上一层用器具中溢出，就可判定堵塞处在该楼层与上一楼层间的立管中，可以采取以下措施。

（1）堵塞处靠近检查口时，可打开检查口进行疏通。

（2）堵塞处靠近屋面时，可在屋面上将该立管对应的通气帽打开进行疏通。

（3）堵塞物位于立管的三通或弯头处时，可打开与这类配件相应的排水管上的清扫口进行疏通，也可在三通或弯头处剔出一个小洞，用钢丝或排水疏通机进行疏通，修好后用小木塞封闭，在讲究外观的场合，宜用手持电钻钻孔，处理后在钻孔处攻丝，并配以螺钉封闭。

3. 排水横管堵塞

室内排水横管因坡度较小，水流较慢，对污物的冲力不大，管底有沉积物，随着使用时间的延长，沉积物逐渐增厚，使管腔变小而形成堵塞。横管中部堵塞只影响堵塞处上游各卫生器具的使用，而不影响其下游和其他楼层的使用。堵塞物所处位置的判断比较容易，它处在一个能排水和邻近一个不能排水的卫生器具之间的管段中。疏通时，将排水横管上的清扫口或地漏口打开，插进竹劈或钢丝进行清通，疏通后再封好清扫口。

横管末端是指排水横管与排水立管的交汇处，此处发生堵塞会导致排水横管上所连接的全部器具不排水。疏通的方法与疏通横管中部堵塞的方法相同。

4. 水力清通

水力清通就是借助水头冲击力，推动管道内淤积物而达到清洗管道的目的。水力清通可以利用管渠内污水、自来水或附近河湖水进行冲洗。此法分自冲法和机械水冲法。

自冲法，即人工闭水法，是通过利用排水道自身污水，采取堵截、提升等方法，用污水将管道中的污物冲出。要求管道内必须有充足的水源，或在较短时间内有足够的蓄水能力。此法简单，易于操作，适宜埋置较深的排水管疏通，不适宜淤塞比较严重、淤泥黏结密实或无条件蓄水的地方。常用充气球堵塞法，具体做法是采用气囊充气将检查井管口堵塞，利用上游来水蓄积一定高度的水位，再放去气球内的空气，气球缩小，浮于水面。在上游水头的作用下，污水高速流过，将淤泥冲入下游检查井中，然后用吸泥车抽走。

机械水冲法可采用管道疏通车（高压水冲车）、抽水机进行冲洗管沟。管道疏通车能利用泵将其水罐内的水通过软管及喷嘴冲洗管内沉积物，同时推动喷嘴前进，冲松的泥浆随水污泥冲至另一井内，再采用吸污车吸走。此法操作简便，效率高，工人操作条件好，不污染路面，但井距较长，疏通清淤效果较差。

5. 绞车疏通法

该法是将钢丝绳穿过要疏通的管段，钢丝绳两端分别与管段两端检查井上的绞车相连，利用绞车来回拉动钢丝绳，从而使钢丝绳中间的清通工具也来回拖动，将管内杂物、污泥刮到检查井处，再将污泥捞起。绞车分手动绞车和机械绞车两种。疏通装置中的清通工具种类繁多，有松土器、弹簧刀及锚式清通工具、刮泥的清通工具等几大类。此法适用于疏通淤积严重、淤泥黏结密实的管道。

第五章　市政工程安全文明施工

第一节　市政工程安全概述

一、相关概念

（一）安全生产概念

安全生产，是指消除或控制生产过程中的危险、有害因素，保障人身安全健康、设备完好无损及生产顺利进行。安全生产除了对直接生产过程的控制外，还包括劳动保护和职业卫生及不可接受的损害风险（危险）的状态。

不可接受的损害风险（危险）是指超出了法律法规和规章的要求；超出了方针、目标和企业规定的其他要求；超出了人们普遍接受的要求。

（二）安全控制概念

安全控制是指生产过程中涉及的计划、组织、指挥、监控、调节和改进等一系列致力于满足生产安全要求的管理活动。

二、安全控制方针和目标

（一）安全控制方针

安全控制的目的是安全生产，因此安全控制的方针也应符合安全生产的方针，即“安全第一，预防为主”。

“安全第一”把人身的安全放在首位，充分体现了“以人为本”的理念。“安全第一”的方针，就是要求所有参与工程建设的人员，包括管理者和操作人员以及对工程建设活动进行监督管理的人员都必须树立安全的观念，不能为了经济的发展牺牲安全，当安全与生产发生矛盾时，必须先解决安全问题，在保证安全的前提下从事生产活动，也只有这样才能使生产正常进行，促进经济的发展，保持社会的稳定。

“预防为主”是实现安全第一的最重要的手段，在工程建设活动中，要根据工程建设的特点，对不同的生产要素采取相应的管理措施，从而减少甚至消除事故隐患，尽量把事故消灭在萌芽状态，这是安全生产管理的最重要的思想。

市政工程的安全施工执行的是国家监督、企业负责、劳动者遵章守纪的原则。安全施工必须以预防为主，明确企业法定代表人是企业安全施工的第一责任人，项目经理是本项目安全生产第一责任人。为了减少和防止安全事故的发生，要对法定代表人、项目经理、施工管理人员进行定期的安全教育培训考核；对新工人必须实行三级安全教育制度，即公司安全教育、项目安全教育和班组安全教育。

公司安全教育的主要内容包括国家和地方有关安全生产的方针、政策、法规、标准规定和企业的安全规章制度等；项目安全教育的主要内容包括工地安全制度、施工现场环境、工程施工特点及可能存在的不安全因素等；班组安全教育的主要内容包括本工程的安全操作规程、事故安全剖析、劳动纪律和岗位讲评等。

（二）安全控制目标

安全控制的目标是减少和消除生产过程的事故，保证人员健康安全和财产免受损失。具体可包括减少或消除人的不安全行为的目标，减少或消除设备，材料的不安全状态的目标，改善生产环境和保护自然环境的目标，安全管理的目标。

三、安全控制特征

（一）动态性

由于建设工程项目具有单件性，使得每项工程所处的条件不同，所面临的危险因素和防范措施也会有所改变，例如员工在转移工地后，熟悉一个新的工作环境需要一定的时间，有些制度和安全技术措施会有所调整，员工同样有个熟悉的过程。

工程项目施工具有分散性。因为现场施工分散于施工现场的各个部位，尽管有各种规章制度和安全技术交底的环节，但是面对具体的生产环境时，仍然需要自己的判断和处理，有经验的人员还必须适应不断变化的情况。

（二）面广性

由于市政工程规模大、专业类别多、生产工艺复杂、工序多，在建造过程中流动作业多，地下、高处作业多，作业位置多变，遇到不确定因素多，所以安全控制工作涉及范围大，控制面广。安全控制不仅是施工单位的责任，还包括建设单位、勘察设计单位、监理单位，这些单位也要为安全管理承担相应的责任与义务。

（三）交叉性

市政工程项目是开放系统，受自然环境和社会环境影响很大，安全生产管理需要把工程系统和环境系统及社会系统结合起来。

（四）严谨性

安全状态具有触发性，安全控制措施必须严谨，一旦失控，就会造成损失和伤害。

四、施工单位安全管理制度

（一）安全生产许可证制度

《安全生产许可证条例》规定施工单位应当具备安全生产条件，同时进一步明确规定，国家对矿山企业、建筑施工企业和危险化学品、烟花爆竹、民用爆破器材生产企业实行安全生产许可制度，上述企业如果未取得安全生产许可证，不得从事生产活动。

（二）安全生产责任制

建立安全生产责任制是施工安全技术措施实施的重要保证。安全生产责任制是指企业针对项目经理部各级领导、各个部门、各类人员规定的，在他们各自职责范围内对安全生产应负责任的制度。

（三）安全生产教育培训制度

安全生产教育培训制度是指对从业人员进行安全生产的教育和安全生产技能的培训，并将这种教育和培训制度化、规范化，以提高全体人员的安全意识和安全生产的管理水平，减少、防止安全事故的发生。安全教育主要包括安全生产思想教育、安全知识教育、安全技能教育、安全法制教育等方面，其中对于新职工的三级安全教育，是安全生产基本教育制度。培训制度主要包括对施工单位的管理人员和作业人员的定期培训，特别是在采用新技术、新工艺、新设备、新材料时，要对作业人员进行培训。

（四）安全技术交底制度

项目经理部必须实行逐级安全技术交底制度，纵向延伸到班组全体作业人员。技术交底必须具体、明确、针对性强，技术交底的内容应针对分部分项工程施工中给作业人员带来的潜在危害和存在问题，优先采用新的安全技术措施，应将工程概况、施工方法、施工程序、安全技术措施等向工长、班组长进行详细交底，定期向由两个以上作业队和多工种交叉施工的作业队伍进行书面交底，所有的安全技术交底均应有书面签字记录。

（五）特种人员持证上岗制度

特种作业人员是指从事特殊岗位作业的人员。不同于一般的施工作业人员，特种作业人员所从事的岗位有较大的危险性，容易发生人员伤亡事故，对操作者本人、他人及周围设施的安全有重大危害。特种作业人员必须按照国家有关规定经过专门的安全作业培训，并取得特种作业操作资格证书后，方可上岗作业。

（六）消防安全责任制度

消防安全责任制度指施工单位确定消防安全责任人，制定用火、用电、使用易燃易爆材料等各项消防安全管理制度和操作规程，在施工现场设置消防通道、消防水源、配备消防设施和灭火器材，并在施工现场入口处设置明显标志。

（七）意外伤害保险制度

意外伤害保险是法定的强制性保险，由施工单位作为投保人与保险公司订立保险合同，支付保险费，以本单位从事危险作业的人员作为被保险人，当被保险人在施工作业发生意外伤害事故时，由保险公司依照合同约定向被保险人或者受益人支付保险金。该项保险是施工单位必须办理的，从而维护施工现场从事危险作业人员的利益。

（八）施工现场安全纪律制度

不戴安全帽不准进入施工现场；不准带无关人员进入施工现场；不准赤脚或穿拖鞋、高跟鞋进入施工现场；作业前和作业中不准饮用含酒精的饮料；不准违章指挥和违章作业；特种作业人员若无操作证不准独立从事特种作业；无安全防护措施不准进行危险作业；不准在易燃易爆场所吸烟；不准在施工现场嬉戏打闹；不准破坏和污染环境。

（九）安全事故应急救援制度

施工单位应制定本单位生产安全事故应急救援预案，建立应急救援组织或者配备应急救援人员，配备必要的应急救援器材、设备，并定期组织演练。同时，施工单位应制定施工现场生产安全事故应急救援预案，并根据建设工程施工的特点、范围，对施工现场易发生重大事故的部位、环节进行监控。

（十）安全事故报告制度

施工单位按照国家有关伤亡事故报告和调查处理的规定，及时、如实地向安全生产监督管理部门、建设行政主管部门或者其他有关部门报告；特种设备发生事故的，还应当同时向特种设备安全监督管理部门报告。实行施工总承包的建设工程，由总承包单位负责上报事故。

第二节　市政工程安全控制

一、施工现场不安全因素

（一）物的不安全状态

物的不安全状态是指可能导致事故发生的物质条件，包括机械设备等物质或环境所存在的不安全因素。

物的不安全状态的类型：防护等装置缺乏或有缺陷，设备、设施、工具、附件有缺陷，个人防护用品用具缺少或有缺陷，施工生产场地环境不良。

物的不安全状态的内容：物（包括机器、设备、工具、物质等）本身存在的缺陷，防护保险方面的缺陷，物的放置方法的缺陷，作业环境场所的缺陷，外部的和自然界的不安全状态，作业方法导致的物的不安全状态，保护器具信号、标志和个体防护用品的缺陷。

（二）人的不安全因素

人的不安全因素是指影响安全的人的因素，即能够使系统发生故障或发生性能不良事件的人员个人的不安全因素和违背设计与安全要求的错误行为。人的不安全因素可分为个人的不安全因素和人的不安全行为两个大类。

个人的不安全因素是指人的心理、生理、能力中所具有不能适应工作、作业岗位要求的影响安全的因素。

（1）心理上的不安全因素，是指人在心理上具有影响安全的性格、气质和情绪，如懒散、粗心等。

（2）生理上的不安全因素，包括视觉、听觉等感觉器官、体能、年龄、疾病等不适合工作或作业岗位要求的影响因素。

（3）能力上的不安全因素，包括知识技能、应变能力、资格等不能适应工作和作业岗位要求的影响因素。

人的不安全行为在施工现场的类型，按《企业职工伤亡事故分类标准》，可分为十三个大类。

（1）操作失误、忽视安全、忽视警告。

（2）造成安全装置失效。

（3）使用不安全设备。

（4）手代替工具操作。

（5）物体存放不当。

（6）冒险进入危险场所。

（7）攀坐不安全位置。

（8）在起吊物下作业、停留。

（9）在机器运转时进行检查、维修、保养等工作。

（10）有分散注意力行为。

（11）没有正确使用个人防护用品、用具。

（12）不安全装束。

（13）对易燃易爆等危险物品处理错误。

不安全行为产生的主要原因包括系统、组织的原因，思想责任心的原因，工作的原因。其中，工作原因产生不安全行为的影响因素包括工作知识的不足或工作方法不适当，技能不熟练或经验不充分，作业的速度不适当，工作不当，但又不听或不注意管理指示。

同时，分析事故原因，绝大多数事故不是因技术解决不了造成的，而是违章所致。没有安全技术措施，缺乏安全技术措施，不作安全技术交底，安全生产责任制不落实，违章指挥，违章作业，都会造成事故，所以必须重视和防止产生人的不安全因素。

（三）管理上的不安全因素

管理上的不安全因素也称为管理上的缺陷，是事故潜在的不安全因素，其作为间接的原因共有以下方面。

（1）技术上的缺陷。

（2）教育上的缺陷。

（3）生理上的缺陷。

（4）心理上的缺陷。

（5）管理工作上的缺陷。

（6）教育和社会、历史上的原因造成的缺陷。

（四）消除不安全因素的基本思想

人的不安全行为与物的不安全状态在同一时间和空间相遇就会导致事故出现。因此预防事故可采取的方式有以下两点。

1. 消除物的不安全状态

（1）建立安全防护管理制度，包括土方开挖、基坑支护、脚手架工程、临边洞口作业、高处作业及料具存放等的安全防护要求。

（2）建立机械安全管理制度，包括塔式起重机及主要施工机械的安全防护技术及管理要求。

（3）建立临时用电安全管理制度，包括临时用电的安全管理，配电线路、配电箱、各类用电设备和照明的安全技术要求。

2. 约束人的不安全行为

（1）建立安全生产责任制度，包括各级、各类人员的安全生产责任及各横向相关部门的安全生产责任。

（2）建立安全生产教育制度。

（3）执行特种作业管理制度，包括特种作业人员的分类、培训、考试、取证及复审等。同时约束人的不安全行为，消除物的不安全状态，即通过安全技术管理，包括安全技术措施和施工方案的编制、审核、审批，安全技术交底，各类安全防护用品、施工机械、设施、临时用电工程等的验收等予以实现。采取隔离防护措施，使人的不安全行为与物的不安全状态不相遇，如各种劳动防护管理制度。

二、施工安全技术措施

（一）安全技术措施内容

安全技术措施是以保护从事工作的员工健康和安全为目的的一切技术措施。在建设工程项目施工中，安全技术措施是施工组织设计的重要内容之一，是改善劳动条件和安全卫生设施，防止工伤事故和职业病，搞好安全施工的一项行之有效的重要措施。

建设工程施工安全技术措施计划的主要内容包括工程概况、控制目标、控制程序、组织机构、职责权限、规章制度、资源配置、安全措施、检查评价、奖惩制度等。

对结构复杂、施工难度大、专业性较强的工程项目，除制定项目总体安全保证计划外，还必须制定单位工程或分部分项工程安全技术措施。

对高处作业、井下作业等专业性强的作业，以及电器、压力容器等特殊工种作业，应制定单项安全技术规程，并应对管理人员和操作人员的安全作业资格和身体状况进行合格检查。

制定和完善施工安全操作规程，编制各施工工种，特别是危险性较大工种的安全施工操作要求，作为规范、检查和考核员工安全生产行为的依据。

（二）安全教育培训

安全教育培训的主要内容包括安全生产思想、安全知识、安全技能、安全规程标准、安全法规、劳动保护、环境保护和典型事例分析。

应广泛开展安全施工的宣传教育，使全体员工真正认识到安全施工的重要性和必要性，懂得安全施工和文明施工的科学知识，牢固树立安全第一的思想，自觉遵守各项安全生产法律法规和规章制度，把安全知识、安全技能、设备性能、操作规程、安全法律等作为安全教育培训的主要内容。

建立经常性的安全教育考核制度，考核成绩要记入员工档案。电工、电焊工、架子工、司炉工、爆破工、机操工、起重工、机械司机、机动车辆司机等特殊工种工人，除一般安全教育外，还要经过专业安全技能培训，经考试合格持证后，方可独立操作。

采用新技术、新工艺、新设备施工和调换工作岗位时，也要进行安全教育，未经安全教育培训的人员不得上岗操作。

（三）安全教育形式

第一，新工人安全教育。三级安全教育是企业必须坚持的安全生产基本教育制度。每个刚进企业的新工人必须接受安全生产方面的基本教育，即三级安全教育。三级一般是指公司（即企业）、项目（或工程处、施工队、工区）、班组这三级。三级安全教育一般是由企业的安全、教育、劳动、技术等部门配合进行的。受教育者必须经过考试，合格后才能进入生产岗位；考试不合格者不得上岗工作，必须重新补课并进行补考，合格后方可工作。新工人工作一个阶段后还应进行重复性的安全再教育，加强安全感性、理性知识的认识。

第二，公司安全教育。公司进行安全生产基本知识、法规、法制教育，其主要内容为国家的安全生产、劳动保护、环保方针政策法规；建设工程安全生产法规、技术规定、标准；本单位施工生产安全生产规章制度、安全纪律；本单位安全生产形势、历史上发生的重大事故及应吸取的教训；发生事故后如何抢救伤员、排险、保护现场和及时进行报告。

第三，项目安全教育。项目进行现场规章制度和遵章守纪教育，其主要内容为建设工程施工生产的特点，施工现场的一般安全管理规定、要求；施工现场主要事故类别，常见多发性事故的特点、规律及预防措施，事故教训等；本工程项目施工的基本情况（工程类型、施工阶段、作业特点等），施工中应当注意的安全事项。

第四，班组安全教育。班组安全生产教育的主要内容为必要的安全和环保知识；本班组作业特点及安全操作规程；班组安全活动制度及纪律；爱护和正确使用安全防护装置（设施）及个人劳动防护用品；本岗位易发生事故的不安全因素及其防范对策；本岗位的作业环境及使用的机械设备、工具的安全要求。

第五，变换工种安全教育。施工现场变化大，动态管理要求高，随着工程进度的进展，部分工人的工作岗位会发生变化，转岗现象较普遍。这种工种之间的互相转换，有利于施工生产的需要。但是，如果安全管理工作没有跟上，安全教育不到位，就可能给转岗工人带来伤害事故。凡改变工种或调换工作岗位的工人必须进行变换工种的安全教育，教育考核合格后方可上岗。其安全教育的主要内容包括本工种作业的安全技术操作规程，本班组施工生产的概况介绍。施工区域内各种生产设施、设备、工具的性能、作用、安全防护要求等。

第六，转场安全教育。新转入施工现场的工作必须进行转场安全教育，教育时间不得少于 8h，其主要内容为本工程项目安全生产状况及施工条件，施工现场中危险部位的防护措施及典型事故案例，本工程项目的安全管理体系及制度。

第七，特种作业安全教育。对从事特种作业的人员进行经常性的安全教育，时间为每月一次。专门的安全作业培训，是指由有关主管部门组织的专门针对特种作业人员的培训，也就是特种作业人员在独立上岗作业前，必须进行与本工种相适应的、专门的安全技术理论学习和实际操作训练。经培训考核合格，取得特种作业操作资格证书后，才能上岗作业。特种作业操作资格证书在全国范围内有效，离开特种作业岗位一定时间后，应当按照规定重新进行实际操作考核，经确认合格后方可上岗作业。

（四）安全技术交底

安全技术交底是指导工人安全施工的技术措施，是工程项目安全技术方案的具体落实。安全技术交底一般由项目经理部技术管理人员根据分部分项工程的具体要求、特点和危险因素编写，是操作者的指令性文件，因而，要具体、明确、针对性强。

安全技术交底要求项目经理部必须实行逐级安全技术交底制度，纵向延伸到班组全体作业人员。

技术交底必须具体、明确、针对性强。技术交底的内容应针对分部分项工程施工中给作业人员带来的潜在隐含危险因素和存在的问题，应优先采用新的安全技术措施，应将工程概况、施工方法、施工程序、安全技术措施等向工长、班组长、作业人员进行详细交底，定期向由两个以上作业队伍和多工种进行交叉施工的作业队伍进行书面交底，保留书面安全技术交底等签字记录。

安全技术交底的内容为本工程项目的施工作业特点和危险点，针对危险点的具体预防措施，应注意的安全事项，相应的安全操作规程和标准，发生事故后应及时采取的避难和急救措施。

（五）施工现场安全管理

施工单位应当在施工现场入口处、施工起重机械、临时用电设施、脚手架、出入通道口、孔洞口、桥梁口、隧道口、基坑边沿、爆破物及有害危险气体和液体存放处等危险部位，设置明显的安全警示标志。安全警示标志必须符合国家标准。

现场的办公、生活区与作业区应分开设置，并保持安全距离；办公、生活区的选址应当符合安全性要求。职工的膳食、饮水、休息场所等应当符合卫生标准。

施工单位应当在施工现场建立消防安全责任制度，确定消防安全责任人。制定用火、用电、使用易燃易爆材料等各项消防安全管理制度和操作规程。设置消防通道、消防水源，配备消防设施和足够有效的灭火器材，指定专门人员定期维护保持设备良好，并在施工现场入口处设置明显标志，建立消防安全组织，坚持对员工进行防火安全教育。

三、施工临时设施安全技术

（一）临时建筑搭建安全技术

设计应经工程项目经理部总工程师审核批准后方能施工，竣工后应由项目经理部负责人组织验收，确认合格并形成文件后，方可使用。

使用装配式房屋应由有资质的企业生产，并持有合格证；搭设后应经检查、验收，确认合格并形成文件后，方可使用。

使用既有建筑应在使用前对其结构进行验算或鉴定，确认符合安全要求并形成文件后，方可使用。

临时建筑位置应避开架空线路、陡坡、低洼积水等危险地区，选择地质、水文条件良好的地方，并不得占压各种地下管线。

临时建筑应按施工组织设计中确定的位置、规模搭设，不得随意改变。

临时建筑搭设必须符合安全、防汛、防火、防风、防雨（雪）、防雷、防寒、环保、卫生、文明施工的要求。

施工区、生活区、材料库房等应分开设置，并保持消防部门规定的防火安全距离。

模板与钢筋加工场、临时搅拌站、厨房、锅炉房和存放易燃、易爆物的仓库等应分别独立设置，且必须满足防火安全距离等消防规定。临时建筑的围护屏蔽及其骨架应使用阻燃材料搭建。

支搭和拆除作业必须纳入现场施工管理范畴，符合安全技术要求。支、拆临时建筑应编制方案；作业中必须设专人指挥，执行安全技术交底制度，由安全技术人员监控，保持安全作业。在不承重的轻型屋面上作业时，必须先搭设临时走道板，并在屋架下弦设水平安全网；严禁直接踩踏轻型屋面。临时建筑使用过程中，应由主管人员经常检查、维护，发现损坏必须及时修理，保持完好、有效。

供水设施施工前，应根据工程需要，确定施工临时供水方案，并进行临时供水施工设计，向供水管理单位申报临时施工用水水表，并由其设计、安装。施工现场临时供水设计应符合施工、生活、消防供水的要求。采用自备井供水，打井前应向水资源主管部门申报，并经批准。水质应经卫生防疫部门化验，符合现行《生活饮用水卫生标准》的规定方可使用，且应设置符合生产、生活、消防要求的贮水设施，对水源井应采取保护措施。

开工前，施工现场应根据工程规模、施工特点、施工用电负荷和环境状况进行施工用电设计或编制施工用电安全技术措施，并按施工组织设计的审批程序批准后实施。施工用电作业和用电设施的维护管理必须由电工负责，严禁非电工操作。

（二）道路便桥搭设安全技术

铺设施工现场运输道路。道路应平整、坚实，能满足运输安全要求。

道路宽度应根据现场交通量和运输车辆或行驶机械的宽度确定，汽车运输时，宽度不宜小于 3.5m；机动翻斗车运输时，宽度不宜小于 2.5m；手推车运输不宜小于 1.5m。

道路纵坡应根据运输车辆情况而定，手推车不宜陡于 5%，机动车辆不宜陡于 10%。

道路的圆曲线半径：机动翻斗车运输时不宜小于 8m；汽车运输时不宜小于 15m；平板拖车运输不宜小于 20m。

机动车道路的路面宜进行硬化处理。

现场应根据交通量、路况和环境状况确定车辆行驶速度，并于道路明显处设限速标志。

沿沟槽铺设道路，路边与槽边的距离应依施工荷载、土质、槽深、槽壁支护情况经验算确定，且不得小于 1.5m，并设防护栏杆和安全标志，夜间和阴暗时尚须加设警示灯。

道路临近河岸、峭壁的一侧必须设置安全标志，夜间和阴暗时尚须加设警示灯。运输道路与社会道路、公路交叉时宜正交。在距社会道路、公路边 20m 处应设交通标志，并满足相应的视距要求。

穿越电力架空线路时，应符合有关规定；穿越各种架空管线处，其净空应满足运输安全要求，并在管线外设限高标志。

穿越建（构）筑物处，其净空应满足运输安全要求，并在建（构）筑物外设限高、宽标志。

跨越河流、沟槽应架设临时便桥。施工前，应根据工程地质、水文地质、使用条件和现场情况，按照现行《公路桥涵钢结构及木结构设计规范》等有关规定，对便桥结构进行施工设计，并经计算确定。

施工机械、机动车与行人便桥宽度应依据现场交通量、机械和车辆的宽度，在施工设计中确定人行便桥宽不得小于 80cm；手推车便桥宽不得小于1.5m；机动翻斗车便桥宽不得小于2.5m；汽车便桥宽不得小于3.5m。

便桥两侧必须设不低于 1.2m 的防护栏杆，其底部设挡脚板，栏杆、挡脚板应安设牢固。便桥桥面应具有良好的防滑性能，钢质桥面应设防滑层。便桥两端必须设限载标志，便桥搭设完成后应经验收，确认合格并形成文件后，方可使用。在使用过程中，应随时检查和维护，保持完好。

（三）钢筋混凝土施工安全技术

现场模板和钢筋加工场应单独设置，不得与材料库、生活区、办公区混合设置，场区周围设围挡。加工场不得设在电力架空线路下方，现场应按施工组织设计要求布置加工机具、料场与废料场，并形成运输、消防通道。加工机具应设工作棚，棚应具防雨（雪）、防风功能。

加工机具应完好，防护装置应齐全有效，电气接线应符合有关要求。操作台应坚固，安装稳固并置于坚实的地基上。加工场必须配置有效的消防器材，不得存放油、脂和棉丝等易燃品。含有木材等易燃物的模板加工场，必须设置严禁吸烟和防火标志。各机械旁应设置机械操作程序牌。加工场搭设完成，应经检查、验收，确认合格并形成文件后，方可使用。

现场混凝土搅拌站搭设。施工前，应对搅拌站进行施工设计。平台、支架、储料仓的强度、刚度、稳定性应满足搅拌站在拌和水泥混凝土过程中荷载的要求。搅拌站不得搭设在电力架空线路下方，现场应按施工组织设计的规定布置混凝土搅拌机、各种料仓和原材料输送、计量装置，并形成运输、消防通道。现场混凝土搅拌站应单独设置，具有良好的供电、供水、排水、通风等条件与环保措施，周围应设围挡。搅拌机等机电设备应设工作棚，棚应具有防雨（雪）、防风功能。

搅拌机、输送装置等应完好，防护装置应齐全有效，电气接线应符合有关要求。搅拌站的作业平台应坚固，安装稳固并置于坚实的地基上。搅拌站应按消防部门的规定配置消防设施。搅拌机等机械旁应设置机械操作程序牌，现场应设废水预处理设施。搅拌站搭设完成，应经检查、验收，确认合格并形成文件后，方可使用。

（四）冬期供暖要求

现场宜选用常压锅炉采取集中式热水系统供暖。采用电热供暖应符合产品使用说明书的要求，严禁使用电炉供暖。

现场不宜采用铁制火炉供暖，由于条件限制需采用时应符合下列要求。

供暖系统应完好无损。炉子的炉身、炉盖、炉门和烟道应完整无破损、无锈蚀；炉盖、炉门和炉身的连接应吻合紧密，不得设烟道舌门。炉子应安装在坚实的地基上，炉子必须安装烟筒。烟筒必须顺接安装，接口严密，不得倒坡。烟筒必须通畅，严禁堵塞。烟筒距地面高度宜为2m。烟筒必须延伸至房外，与墙距离宜为50cm，出口必须安设防止逆风装置。烟筒与房顶、电缆的距离不得小于70cm，受条件限制不能满足时，必须采取隔热措施；烟筒穿窗户处必须以薄钢板固定。房间必须安装风斗，风斗应安装在房屋的东南方。火炉及其供暖系统安装完成，必须经主管人员检查、验收，确认合格并颁发合格证后，方可使用。火炉应设专人添煤、管理，供暖燃料应采用低污染清洁煤，火炉周围应设阻燃材质的围挡，其距床铺等生活用具不得小于1.5m；严禁使用油、油毡引火。添煤时，添煤高度不得超过排烟出口底部，且严禁堵塞。

人员在房屋内睡眠前，必须检查炉子、烟筒、风斗，确认安全。供暖期间主管人员应定期检查炉子、烟筒、风斗，发现破损、裂缝、烟筒堵塞等隐患，必须及时处理，并确认安全。供暖期间应定期疏通烟筒，保持畅通，严禁敞口烧煤、木料等可燃物取暖。

（五）市政工程拆迁要求

拆迁施工必须由具有专业资质的施工企业承担。

拆除施工必须纳入施工管理范畴。拆除前必须编制拆除方案，规定拆除方法、程序、使用的机械设备、安全技术措施。拆除时必须执行方案的规定，由安全技术管理人员现场检查、监控，严禁违规作业。拆除后应检查、验收，确认符合要求。

房屋拆除必须依据竣工图纸与现况，分析结构受力状态，确定拆除方法与程序，经房屋产权管理单位签认后方可实施，严禁违规拆除。

现况各种架空线拆移，应结合工程需要，征得有关管理单位意见，确定拆移方案，经建设（监理）、房屋产权管理单位签认后，方可实施。

现况各种地下管线拆移，必须向规划和管线管理单位咨询，查阅相关专业技术档案，掌握管线的施工年限、使用状况、位置、埋深等，并请相关管理单位到现场交底，必要时应在管理单位现场监护下作坑探。在明了情况的基础上，与管理单位确定拆移方案，经规划、建设（监理）、管理单位签认后，方可实施。实施中应请管理单位派人做现场指导。

道路、公路、铁路、人防、河道、树木（含绿地）等及其相关设施的拆移，应根据工程需要征求各管理部门（单位）对拆迁措施的意见，商定拆移方案，并经建设（监理）、管理部门（单位）批准或签认后，方可实施。

采用非爆破方法拆除时，必须自上而下、先外后里，严禁上下、里外同时拆除。

拆除砖、石、混凝土建（构）筑物时，必须采取防止残渣飞溅危及人员和附近建（构）筑物、设备等安全的保护措施，并随时洒水减少扬尘。

使用液压振动锤、挖掘机拆除建（构）筑物时，应使机械与被拆建（构）筑物之间保持安全距离：使用推土机拆除房屋、围墙时，被拆物高度不得大于 2m，施工中作业人员必须位于安全区域。

切割拆除具有易燃、易爆和有毒介质的管道或容器时，必须首先切断介质供给源，管道或容器内残留的介质应根据其性质采取相应的方法清除，在确认安全后，方可拆除。遇带压管道或容器时，必须先泄除压力，确认安全后，方可切割。

采用爆破方法拆除时，必须明确对爆破效果的要求，选择有相应爆破设计资质的企业，依据现行《爆破安全规程》等的有关规定，进行爆破设计，编制爆破设计书或爆破说明书，并制定爆破专项施工方案，规定相应的安全技术措施，报主管和有关管理单位审批，并按批准要求由具有相应施工资质的企业进行爆破。

各项施工作业范围，均应设围挡或护栏和安全标志。

（六）临边防护安全要求

防护栏杆应由上、下两道栏杆和栏杆柱组成，上杆离地高度应为1.2m，下杆离地高度应为50～60cm。栏杆柱间距应经计算确定，且不得大于2m。

木质栏杆上杆梢径不得小于7cm，下杆梢径不得小于6cm，栏杆柱梢径不得小于7.5cm，并以不小于12号的镀锌钢丝绑扎牢固，绑丝头应顺平向下。钢筋横杆上杆直径不得小于16mm，下杆直径不得小于14mm，栏杆柱直径不得小于18mm，采用焊接或镀锌钢丝绑扎牢固，绑丝头应顺平向下。钢管横杆、栏杆柱均应采用直径48×（2.75～3.5）mm的管材，以扣件固定或焊接牢固。

在基坑、沟槽四周固定时，可采用钢管并锤击沉入地下不小于50cm深。钢管离基坑、沟槽边沿的距离，不得小于50cm。在混凝土结构上固定，采用钢质材料时可用预埋件与钢管或钢筋焊牢；采用木栏杆时可在预埋件上焊接30cm长的L50×5角钢，其上、下各设一孔，以直径10mm螺栓与木杆件拴牢。栏杆的整体构造和栏杆柱的固定，应使防护栏杆在任何处能承受任何方向的1000N外力。防护栏杆的底部必须设置牢固的、高度不低于18cm的挡脚板，挡脚板下的空隙不得大于1cm。挡脚板上有孔眼时，孔径不得大于2.5cm。

高处临街的防护栏杆必须加挂安全网，或采取其他全封闭措施。

四、施工安全检查

（一）安全检查主要内容

1. 查管理

检查工程的安全施工管理是否有效。主要检查内容包括安全施工责任制、安全技术措施计划、安全组织机构、安全保证措施、安全技术交底、安全教育、安全持证上岗、安全设施、安全标识、操作行为、违规管理、安全记录等。

2. 查思想

检查企业的领导和职工对安全施工的认识。

3. 查隐患

检查作业现场是否符合安全施工、文明施工的要求。

4. 查事故处理

对安全事故的处理应达到查明事故原因、明确责任并对责任者作出处理、明确和落实整改措施等要求。同时还应检查对伤亡事故是否及时报告、认真调查、严肃处理。

安全检查的重点是违章指挥和违章作业。安全检查后应编制安全检查报告，说明已达标项目，未达标项目，存在问题，并分析原因，制定纠正和预防的措施。

（二）安全检查目的

通过检查，可以发现施工（生产）中的不安全（人的不安全行为和物的不安全状态）不卫生问题，从而采取对策，消除不安全因素，保障安全生产。

利用安全生产检查，进一步宣传、贯彻、落实党和国家安全生产方针、政策和各项安全生产规章制度。

安全检查实质是一次群众性的安全教育。通过检查，增强领导和群众安全意识，纠正违章指挥、违章作业，提高搞好安全生产的自觉性和责任感。

预防伤亡事故或把事故降下来，把伤亡事故频率和经济损失降到低于社会允许的范围及同行业的先进水平。

不断改善生产条件和作业环境，达到最佳安全状态。但是由于安全隐患是与生产同时存在的，因此危及劳动者的不安全因素同时存在，事故的原因也是复杂和多方面的。为此，必须通过安全检查对施工（生产）中存在的不安全因素进行预测、预报和预防。

（三）安全检查类型

安全检查可分为日常性检查、专业性检查、季节性检查、节假日前后的检查和不定期检查。

日常性检查即经常的、普遍的检查。企业一般每年进行 1～4 次；工程项目部每月至少进行一次；班组每周、每班次都应进行检查。专职安全人员的日常检查应该有计划，针对重点部位周期性地进行。

企业内部必须建立定期分级安全检查制度，由于企业规模、内部建制等不同，要求也不能千篇一律。一般中型以上的企业（公司），每季度组织一次安全检查；工程处（项目部、附属厂）每月或每周组织一次安全检查。每次安全检查应由单位领导或总工程师（技术领导）带队，由工会、安全、动力设备、保卫等部门派员参加。这种制度性的定期检查内容，属于全面性和考核性的检查。

季节性检查是指根据季节特点，为保障安全施工的特殊要求所进行的检查。如春季风大，要着重防火、防爆；夏季高温多雨、雷电，要着重防暑、降温、防汛、防雷击、防触电；冬季要着重防寒、防冻等。

在施工（生产）过程中进行经常性的预防检查，从而及时发现隐患，消除隐患，保证施工（生产）的正常进行。通常包括班组进行班前、班后岗位安全检查；各级安全员及安全值班人员日常巡回安全检查；各级管理人员在检查生产同时检查安全。

专业性检查是针对特种作业、特种设备、特殊场所进行的检查，如电焊、气焊、起重设备、运输车辆、锅炉压力容器、易燃易爆场所等。

（四）安全检查注意事项

安全检查要深入基层，紧紧依靠职工，坚持领导与群众相结合的原则，组织好检查工作。

建立检查的组织领导机构，配备适当的检查力量，挑选具有较高技术业务水平的专业人员参加。

明确检查的目的和要求，既要严格要求，又要防止一刀切，要从实际出发，分清主、次矛盾，力求实效。

把自查与互查有机结合起来。基层以自检为主，企业内相应部门间互相检查，取长补短，相互学习和借鉴。

参考文献

［1］曹井国，张伟，陆学兴．城镇给排水管道非开挖修复工艺与设备［M］．北京：化学工业出版社，2024．

［2］崔晓英．市政给排水工程技术研究［M］．天津：天津科学技术出版社，2023．

［3］董浩．市政公用工程施工技术与管理［M］．延吉：延边大学出版社，2024．

［4］董相宝，刘廷志，唐雨青．市政建设与给排水工程应用［M］．汕头：汕头大学出版社，2023．

［5］冯学安．市政排水管道快速设计与实例［M］．北京：中国建筑工业出版社，2012．

［6］郭永萍，刘小姣，杨磊．市政工程建设与给排水技术研究［M］．汕头：汕头大学出版社，2024．

［7］何忱宸，蒋美玲，苏锦，等．市政给排水设计与造价管理［M］．北京：北京交通大学出版社，2024．

［8］李鹏，罗天贵，江世荣．市政工程技术与项目管理［M］．北京：中国建材工业出版社，2024．

［9］廖光磊．市政给排水管道工程设计与施工技术［M］．武汉：华中科学技术大学出版社，2023．

［10］刘畅．市政排水施工安全管理［J］．大科技，2023（52）：28-30．

［11］刘亚双，徐江岑．市政管道工程施工技术［M］．北京：北京理工大学出版社，2024．

［12］吕锦栋．浅析市政排水施工质量管控措施［J］．建材发展导向，2023（6）：28-31．

[13] 庞洁. 市政工程造价实训 [M]. 重庆：重庆大学出版社，2024.
[14] 彭丹. 市政工程计量与计价 [M]. 北京：人民交通出版社，2024.
[15] 宋士通，王腾腾. 市政排水工程施工技术要点 [J]. 房地产导刊，2023 (4)：49-51.
[16] 田涛，刘卫国，张宁. 市政规划与给排水工程 [M]. 北京：中国对外翻译出版公司，2024.
[17] 童少磊. 市政排水管线设计优化方案探究 [J]. 工程建设与设计，2023 (6)：68-70.
[18] 辛立国. 市政工程测量 [M]. 北京：中国水利水电出版社，2023.
[19] 邢文文. 市政排水泵站的设计与生态化试探 [J]. 城市建设理论研究（电子版），2023 (3)：137-139.
[20] 杨杰，陈海荣，毛丽英. 市政给排水应用研究 [M]. 汕头：汕头大学出版社，2024.
[21] 杨顺生，黄芸. 城市给水排水新技术与市政工程生态核算 [M] 成都：西南交通大学出版社，2017.
[22] 于超. 探析市政排水管网的长效维护与管理 [J]. 中国科技纵横，2023 (2)：151-153.
[23] 岳长青，阎明均，陈进. 市政工程建设与路桥施工 [M]. 汕头：汕头大学出版社，2024.
[24] 张俊丽. 浅谈城市市政排水设计思路 [J]. 建材发展导向，2023 (11)：78-80.
[25] 朱艳峰. 排水管道检测与评估 [M]. 北京：北京理工大学出版社，2024.